DIREKTE TEILCHENMESSUNGEN
IM MORGENSEKTOR DER POLARLICHTZONE

von

WOLFGANG STÜDEMANN

Diese Mitteilungen setzen eine von Erich Regener begründete Reihe fort, deren Hefte am Ende dieser Arbeit genannt sind.

Bis Heft 19 wurden die Mitteilungen herausgegeben von J. Bartels und W. Dieminger. Von Heft 20 an zeichnen W. Dieminger, A. Ehmert und G. Pfotzer als Herausgeber.

Das Max-Planck-Institut für Aeronomie vereinigt zwei Institute, das Institut für Stratosphärenphysik und das Institut für Ionosphärenphysik.

Ein **(S)** oder **(I)** beim Titel deutet an, aus welchem Institut die Arbeit stammt.

Anschrift der beiden Institute:

3411 Lindau

ISBN-13: 978-3-540-06085-7   e-ISBN-13: 978-3-642-65510-4
DOI: 10.1007/978-3-642-65510-4

Inhaltsverzeichnis

1.	Einleitung	5
2.	Beschreibung des Experiments	6
	2.1 Wirkungsweise des Sensorkopfes	6
	2.2 Aufbau des Experiments	9
	2.21 Mechanik	9
	2.22 Elektronik	9
	2.221 Elektronenkanäle	9
	2.222 Protonenkanäle	13
	2.223 Housekeepingkanäle	15
	2.224 Interner Test	15
	2.3 Einbau in die Nutzlast	15
	2.4 Übertragung der Daten	17
3.	Umwelttests	18
4.	Kalibrierung der Sensoren	18
	4.1 Ziel der Kalibrierung	18
	4.2 Ansprechvermögen der Elektronen	19
	4.3 Messungen im Protonenstrahl	22
	4.4 Messung der Dynamikkennlinie	25
5.	Allgemeine Kennzeichnung der gewonnenen Flugdaten	27
	5.1 Qualität und Aufbereitung der Telemetriesignale	27
	5.2 Darstellung der Messungen	27
6.	Flug der Raketen X2 und X3	29
	6.1 Startort und Flugverlauf	29
	6.2 Charakterisierung des geophysikalischen Ereignisses anhand der Bodenbeobachtungen	30
7.	Meßergebnisse und Diskussionen	32
	7.1 Integrale Intensitäten der Elektronen	32
	7.2 Integrale Energiespektren der Elektronen	38
	7.3 Differentielle Energiespektren der Protonen	40
	7.4 Vergleich mit anderen Raketenmessungen	44
	7.41 Elektronen	44
	7.42 Protonen	46
	7.5 Pitchwinkelverteilungen der Elektronen	47
	7.51 Berechnung des direktionalen Teilchenflusses als Funktion des Pitchwinkels	47
	7.52 Übersicht über typische Pitchwinkelverteilungen von Elektronen in verschiedenen Energiebereichen während der Flüge	49
	7.53 Statistische Analyse der Pitchwinkelverteilungen	50
	7.54 Deutung der Meßergebnisse durch Pitchwinkeldiffusion	55
	Zusammenfassung	60
	Summary	61
	Literaturverzeichnis	63

1. Einleitung

Bereits um die Jahrhundertwende wurde von Goldstein, dem Entdecker der Kanalstrahlen, vermutet, daß die Polarlichter von geladenen Partikeln verursacht werden. Während er jedoch diesen Gedanken nicht weiter verfolgte, unternahm es der norwegische Physiker Birkeland, seine unabhängig von Goldstein entwickelte Vorstellung durch seine berühmten Terrella Experimente zu überprüfen. Da das Auftreten von Polarlichtern mit der Sonnenfleckenhäufigkeit korreliert ist, lag der Gedanke nahe, daß die fraglichen Partikel von der Sonne stammten. Carl Störmer, ein Landsmann Birkelands, entwickelte die bekannte Theorie der Bewegung geladener Partikel im Magnetfeld der Erde und lieferte letztlich ungewollt den Beweis, daß die Hypothese einer unmittelbaren Erzeugung der Polarlichter durch solare Partikelströme nicht richtig sein konnte.

Die Messungen mit Satelliten und Raumsonden haben nun zwar den Beweis erbracht, daß es Elektronen und in geringerem Maße Protonen sind, die Polarlichter, Röntgenstrahlung, Ionosphärenstörungen u.s.f. verursachen, daß aber die Teilchen nicht direkt von der Sonne stammen, sondern durch Wechselwirkung solarer Plasmaströme mit dem Magnetfeld der Erde beschleunigt und zum Teil in die Atmosphäre injiziert werden. Der Mechanismus der Beschleunigung und der Injektion ist noch weitgehend ungeklärt. Mit dieser Arbeit soll daher ein Beitrag zu diesem Problem durch Messung von Elektronen- und Protonenflüssen während eines im Gang befindlichen Injektionsprozesses geleistet werden. Bevor die Analyse und die Ergebnisse der mit Raketen durchgeführten Experimente im einzelnen beschrieben werden, sei kurz auf den größeren Rahmen eingegangen, in dem dieser Beitrag gesehen werden muß.

Aus den Messungen mit Satelliten und Raumsonden weiß man weiterhin, daß das Magnetfeld der Erde in größerer Entfernung von der Erde stark von dem dipolähnlichen Feld abweicht, das man nach Messungen an der Erdoberfläche hätte erwarten können. Nur bis zu Abständen von wenigen Erdradien bleibt der dipolähnliche Verlauf angenähert erhalten. Auf diesen Bereich sind die Flüsse geladener Teilchen beschränkt, die den Strahlungsgürtel bilden. Die Abweichungen in größerer Entfernung werden durch einen ständigen Plasmastrom von der Sonne verursacht, den Sonnenwind. Dieser bewirkt auch, daß das Magnetfeld auf einen endlichen Raum um die Erde begrenzt ist. Diesen Raum nennt man die Magnetosphäre. Die Gestalt der Magnetosphäre ist der eines Kometen vergleichbar. Auf der Seite zur Sonne hin wird das Magnetfeld zusammengedrückt, auf der sonnenabgewandten Seite aber weit in den Weltraum hinausgezogen. Man nennt diesen Teil den Schweif der Magnetosphäre.

Solange der Sonnenwind stetig das Magnetfeld der Erde anströmt, wird ein dynamisches Gleichgewicht zwischen einer Vielzahl gekoppelter, magnetohydrodynamischer Prozesse aufrechterhalten. Unstetigkeiten führen jedoch zu Instabilitäten innerhalb der Magnetosphäre, die durch Ausgleichsprozesse wieder abgebaut werden. Als Folge davon treten insbesondere an der polseitigen Grenze der Strahlungsgürtel vorübergehend sehr starke Partikelausfällungen auf. Diese dringen in die Atmosphäre ein und erzeugen dort eine Reihe von Erscheinungen, wie Polarlicht, Röntgenstrahlung und Ionosphärenstörungen. Die Gesamtheit dieser Erscheinungen trägt den Namen "magnetosphärischer Teilsturm", den man je nach Erscheinungsform in den Polarlichtteilsturm, Röntgenstrahlungsteilsturm, ionosphärischer Teilsturm u.a. aufgliedert.

Die in der Atmosphäre ausgelösten Erscheinungen werden hauptsächlich von energiereichen Elektronen und Protonen mit Energien, die im keV-Bereich liegen, hervorgerufen. Wegen der Absorption dieser Teilchen in der Atmosphäre ist man bei direkten Messungen auf Beobachtungshöhen größer als etwa 80 km angewiesen.

Um die verwickelten Prozesse, die zum Einfall der Teilchen in die Atmosphäre führen, in direkten Messungen zu erfassen, ist es erforderlich, mit Raketen zu messen, die auf bestimmte geophysikalische Indikationen hin gestartet werden. Im Zusammenhang mit dem Meßprogramm des deutschen Forschungssatelliten AZUR wurde das Raketenprogramm SPAZ (aus den Anfangsbuchstaben SVA, PCA, AZUR, Zusatzraketen) durchgeführt u.a. mit dem Ziel, Partikelausfällungen während eines SVA zu registrieren. Neben der Messung der Elektronen und Protonen waren Photometer zur Erfassung des Spektralbereichs von 920 - 5377 Å und Magnetometer zur Messung von Richtung und Betrag des Magnetfeldes in der Nutzlast vorhanden.

In dieser Arbeit werden Aufbau und Funktion eines Meßgerätes (im folgenden wird in Abweichung vom üblichen Sprachgebrauch der bei Meßgeräten in Raketen und Satelliten benutzte Ausdruck "Experiment" übernommen) zur Messung der Energiespektren von Protonen und Elektronen beschrieben, die während zweier Raketenaufstiege erzielten Ergebnisse dargestellt und im Hinblick auf die zur Elektronenausfällung führenden Mechanismen diskutiert.

2. Beschreibung des Experimentes

Die im Rahmen des Projektes und im Hinblick auf die Meßaufgaben gestellten Anforderungen an das Elektronen-Protonen-Experiment (projektinterne Bezeichnung Z3, von Zusatzraketen) sind

> Trennung von Elektronen und Protonen
> Bestimmung der Steilheit des Elektronenspektrums
> Messung des direktionalen Teilchenflusses ("Pitch-Winkel-Verteilung")
> Messung des differentiellen Protonenspektrums
> hohe zeitliche Auflösung.

Eine Zusammenstellung der Eigenschaften des im Rahmen dieser Arbeit entwickelten Elektronen-Protonen-Experimentes Z3 findet sich in STÜDEMANN [1970]. Soweit Einzelheiten bereits dort beschrieben sind, werden sie hier nur zum besseren Verständnis noch einmal aufgeführt.

2.1 Wirkungsweise des Sensorkopfes

Von den verschiedenen für den Nachweis geladener Teilchen geeigneten Detektoren wie Szintillationszähler, Zählrohr oder Halbleiter-Sperrschichtzähler hat sich letzterer wegen des geringen Raumbedarfs, der niedrigen Betriebsspannung und des geringen Rauschanteils immer mehr durchgesetzt. Seine Arbeitsweise ist vergleichbar mit der einer Ionisationskammer, jedoch ist die im Mittel aufzuwendende Energie zur Erzeugung eines Elektronen-Loch-Paares beim Halbleiterzähler nur etwa ein Zehntel der bei Gasen recht hohen Ionisationsenergie (vgl. NEUERT [1966] und CZULIUS et al. [1962]).

Je drei Halbleiterdetektoren sind zu einem Teleskop gestapelt. Der Aufbau dieses "Detektorturmes" geht aus Abb. 1 hervor.

Die Unterscheidung von Protonen und Elektronen geschieht aufgrund des unterschiedlichen Zusammenhanges zwischen Reichweite und Energieverlust dieser beiden Teilchenarten. Das Prinzip sei anhand von Abb. 2 erläutert. Dort sind schematisch die mittleren Energieverluste von Protonen und Elektronen in Abhängigkeit von der Energie der Teilchen vor ihrem Eintritt in die Detektoren D_1, D_2, D_3 dargestellt. Solange der Energieverlust eines Teilchens in einem Detektor monoton mit der Anfangsenergie ansteigt, ist der gemessene Energieverlust identisch mit der Energie des Teilchens vor seinem Eintritt in die empfindliche Schicht des Detektors. Ist die Energie so groß, daß die Reichweite des Teilchens größer als die Dicke der empfindlichen Detektorschicht ist, nimmt der Energieverlust mit zunehmender Energie wieder ab. Die Frage, ob ein bestimmter Energieverlust dem aufsteigenden oder absteigenden Ast der Charakeristik zuzuordnen ist, kann dadurch entschieden werden, ob der in Flugrichtung des Teilchens nachfolgende Detektor anspricht oder nicht. Wenn er anspricht, bedeutet dies, daß das Teilchen nur einen Bruchteil seiner Energie verloren hat, d.h. im Detektor nicht völlig abgebremst wurde, seine Energie somit bei dem betreffenden Energieverlust am absteigenden Ast abzulesen wäre.

Durch die Forderung, daß ein Ladungsimpuls, der von einem Teilchen im Detektor D_1 hervorgerufen wird, eine bestimmte Höhe übersteigen muß, gelingt die Unterscheidung zwischen Protonen und Elektronen. Indem man die entsprechende Diskriminatorschwelle Sp so hoch legt, daß nur noch Protonen einen zur Triggerung ausreichenden Energiebetrag in D_1 verlieren, scheidet man Elektronen damit aus. Umgekehrt weiß man aus einem Nichtansprechen der Diskriminatorschwelle Sp, daß das registrierte Teilchen ein Elektron ist.

Auf der Ordinate in Abb. 2 ist die Lage der Diskriminatorschwelle Sp angedeutet. Innerhalb der beiden senkrechten Begrenzungslinien liegt schraffiert der Energiebereich, in dem die Protonen ihre gesamte Energie im Detektor D_1 abgeben, während die Elektronen den größten Teil ihrer Energie im 2. oder 3. Detektor abgeben.

Mit der Wahl der Dicke von Detektor D_1 legt man die zu Schwelle Sp äquivalente untere Energiegrenze für die Trennung zwischen Protonen und Elektronen fest. Um diese Grenze bei möglichst kleinen Energien zu erhalten, muß der 1. Detektor so dünn wie möglich gewählt werden. Aus Gründen der mechanischen Stabilität ist als untere Grenze eine Dicke von 50 Mikron gesetzt. Damit ergibt sich die untere Energiegrenze zu etwa 150 keV. Um auch bei noch kleineren Energien zu Aussagen über die entsprechenden Elektronenflüsse zu kommen, wird auf dem ersten Detektor eine Totschicht von 120 $\mu g/cm^2$ Aluminium aufgedampft, in der nach ALLISON und WARSHAW [1953] Protonen mit Energien < 60 - 70 keV stecken bleiben, d.h. in D_1 keinen Impuls verursachen. Die Elektronen verlieren hingegen beim Durchgang durch diese Schicht nur geringfügig an Energie. Nach Messungen von H. KANTER [1961] haben schon Elektronen mit einer Energie von

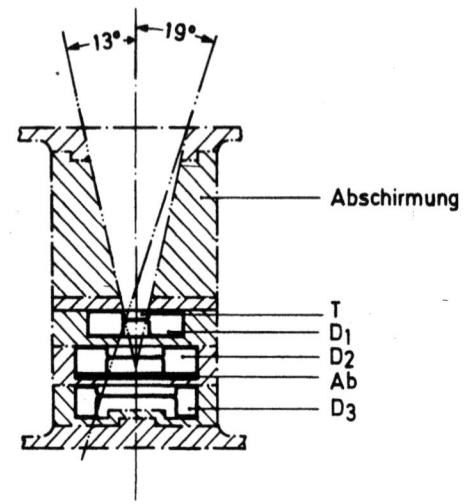

Al - Totschicht	T	= 120 $\mu g/cm^2$
Si - Detektor	D_1	= 50 μ dick
" "	D_2	= 250 μ "
" "	D_3	= 250 μ "
Al - Absorber	Ab	= 500 μ "

Abb. 1: Schnittzeichnung durch die Detektorsäule des Sensorkopfes

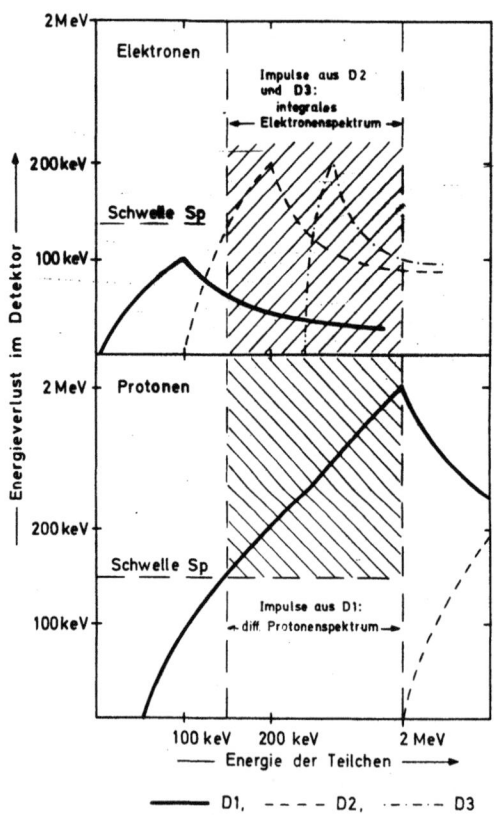

Abb. 2: Energieverlustkurven für Protonen und Elektronen für ein Halbleiterteleskop nach Abb. 1

nur 6 keV eine praktische Reichweite von 120 µg/cm^2 in Aluminium. Somit erhält man nach niedrigeren Energien hin an den schraffierten Bereich angrenzend (Abb. 2) einen weiteren nutzbaren Meßbereich für Elektronen mit Energien zwischen 25 keV und 150 keV. Der Anteil an Protonen mit Energien zwischen 60 und 180 keV, der trotz der Totschicht noch miterfaßt wird, kann nachträglich bei der Auswertung berücksichtigt werden. Dazu müssen die diff. Protonenspektren, die aus der Auswertung der Daten des Pulshöhenanalysators (PHA, siehe 2.222) mit einer Genauigkeit von 4 Bit gewonnen werden, zu niedrigeren Energien hin extrapoliert werden. Eine Abschätzung, wie groß dieser Protonenanteil bei einem mittleren Nordlichtereignis werden kann, erhält man aus bereits bekannten Spektren, die der Arbeit von WHALEN und McDIARMID [1969] entnommen sind. Danach ergibt sich für das Zählratenverhältnis aus Protonen mit Energien größer 60 keV und Elektronen mit Energien größer 25 keV:

$$\frac{Np\,(>60\text{ keV})}{Ne\,(>25\text{ keV})} = \frac{2\cdot 10^5\text{ cm}^{-2}\text{ s}^{-1}\text{ sr}^{-1}}{5\cdot 10^6\text{ cm}^{-2}\text{ s}^{-1}\text{ sr}^{-1}} = 0.04$$

Aufgrund solcher Überlegungen kommt man zu dem in Tabelle 1 zusammengestellten Selektionsschema.

Tabelle 1

	Energiebereiche		
	Protonen [MeV]	Elektronen [keV]	Kanalbezeichnung
$S_1'\ \bar{S}_2\ \bar{S}_3$	0,06 - 0,18	25 - 150	C 3
$S_1''\ \bar{S}_2\ \bar{S}_3$	0,1 - 0,18	45 - 150	C 4 (C 8)
$Sp\ \bar{S}_2\ \bar{S}_3$	0,18 - 2,2	-	C 1, C 1 D
$Sp\ S_2\ \bar{S}_3$	2,2 - 10	-	C 2
$\bar{S}p\ S_2\ \bar{S}_3$	-	200 - 500	C 5 (C 7)
$\bar{S}p\ \bar{S}_2\ S_3$	-	> 800	C 6

Es bedeuten:

- Sp : Größe einer Impulshöhenschwelle in Detektor D_1, die nur von Protonen mit Energien größer 150 keV überschritten werden kann.
- $S_1',\ S_1''$: weitere Schwellenwerte für Energieverluste in Detektor D_1, die den Elektronenenergiebereich zwischen 25 und 150 keV unterteilen ($S_1' \triangleq$ 25 keV ; $S_1'' \triangleq$ 45 keV)
- $\bar{S}p$: Energieverlust in Detektor D_1 ist kleiner als Sp
- $\bar{S}_2,\ \bar{S}_3$: Detektor D_2 und D_3 sprechen nicht an, d.h. das auslösende Teilchen hat die Detektoren D_2 und D_3 nicht erreicht ($S_2,\ S_3 \triangleq$ 100 keV)

2.2 Aufbau des Experimentes

2.21 Mechanik

Aus Gründen einer optimalen Raumausnutzung der Nutzlastspitzen wurde das Experiment in zwei Boxen aufgebaut:

Der zylinderförmige Sensorkopf mit den Detektoren und Verstärkern muß an der Peripherie der Rakete untergebracht werden, während die Elektronikbox beliebig im Raketeninneren angeordnet werden kann. Die Abmessungen sind der Abb. 3 zu entnehmen. Abb. 4 stellt den Sensorkopf nach Abnahme der Zylinderwandung (a), die Elemente der Detektorsäule (b) und die aus identischen Rähmchen gestapelte Elektronikbox (c) dar. Um zu verhindern, daß auch Teilchen registriert werden, die nicht durch die Eintrittsapertur auf die Detektoren gelangen, sind die Detektoren in Messinghalterungen eingebettet (Abb. 4b). So werden Elektronen bis zu Energien von ca. 5 MeV und Protonen bis ca. 60 MeV abgeschirmt.

Die äußere Hülle des Sensorkopfes besteht aus Aluminium mit einer Flächendichte von mindestens 2.7 g/cm^2, um eine Konversion in Bremsstrahlung möglichst niedrig zu halten. Das Material der Blende ist ebenfalls Aluminium und die Oberfläche gewindeähnlich so bearbeitet, daß die Streuung von Elektronen innerhalb der Blende minimal wird. Die Auswirkung der Blendenausführung bei einer Elektronenenergie von 90 keV ist in der Abb. 5 dargestellt.

Die Größe des Blendenöffnungswinkels ist durch einen Kompromiß zwischen den Forderungen nach ausreichender statistischer Genauigkeit und möglichst guter Auflösung der Winkelverteilung der Teilchenflüsse festzulegen: Je kleiner dieser Winkel ist, umso genauer läßt sich der direktionale Teilchenfluß mit Hilfe der Raketendrehung messen. Dabei muß aber die Detektorfläche groß genug sein, damit nicht statistische Fehler eine gute geometrische Ausblendung wieder irrelevant werden lassen.

Die Flächen der Detektoren sind jedoch nach oben begrenzt, weil die vom Sensor erzeugte Rauschleistung mit der Flächengröße ansteigt. Mit einem Blendenhalbwinkel von 13° ergibt sich ein effektiver wirksamer Öffnungswinkel von etwa 35°, der bei isotropem Teilchenfluß auf einen Geometriefaktor von $G = 0,065$ (cm^2 sr) führt, wobei G definiert ist durch:

$$N = I \cdot G$$

mit N als Zählrate und I als Flußdichte der Teilchen pro Raumwinkel-, Flächen- und Zeiteinheit.

2.22 Elektronik

2.221 Elektronenkanäle

Der Aufbau der Elektronik geht aus dem Blockschaltbild Abb. 6 hervor. Die Aufteilung der elektronischen Impulsverarbeitung auf 2 Experimentboxen geschieht unter dem Gesichtspunkt einer möglichst minimalen Einflußnahme von Störungen auf die Messungen. Deswegen werden die von den Detektoren erzeugten Ladungsimpulse zunächst ausreichend verstärkt (Sensorkopf) und werden dann erst über Kabel in die Elektronibox geleitet und weiterverarbeitet. Hier werden auch die für die Halbleiterdetektoren erforderlichen Spannungen erzeugt. Da die Verarmungsspannungen aller 3 Detektoren sehr unterschiedlich sind, und Raum- und Leistungsersparnis nur einen Spannungswandler zulassen, werden die benötigten Spannungen an 3 Spannungsteilern eingestellt. Der Querstrom in jedem Spannungsteiler muß dabei groß (etwa 10 - 15 facher Detektorstrom) gegen den Detektorstrom sein, um durch Schwankungen des Sperrstromes eines Detektors nicht die übrigen Spannungen zu beeinflussen.

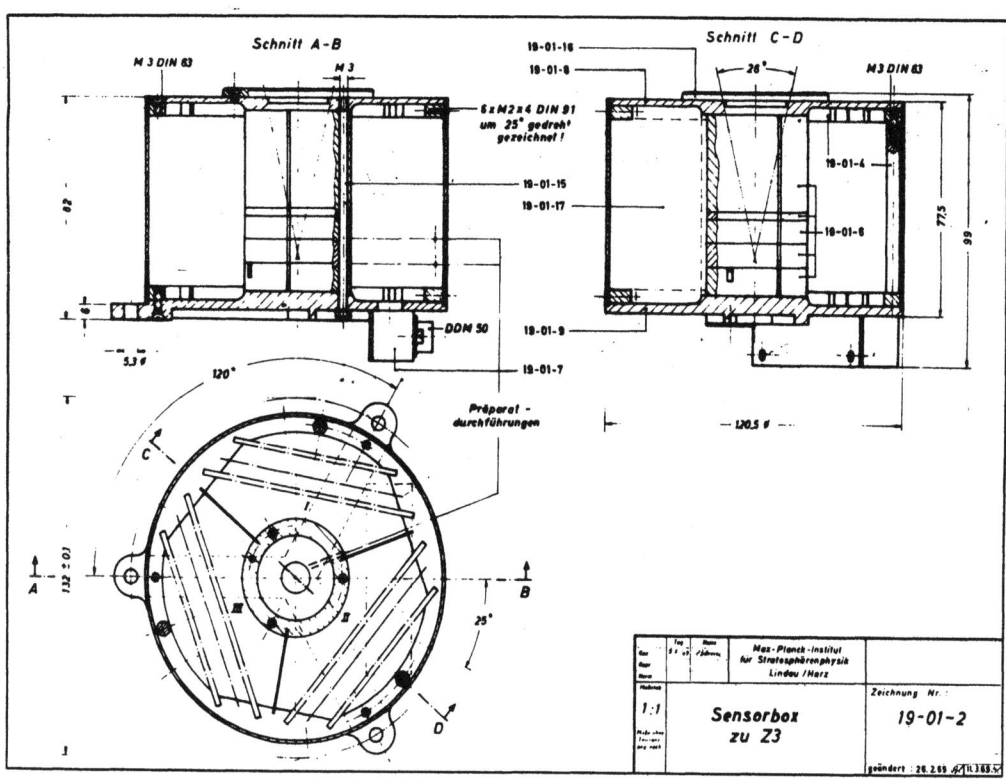

Abb. 3: Mechanischer Aufbau des Experimentes Z 3
a) Sensorkopf

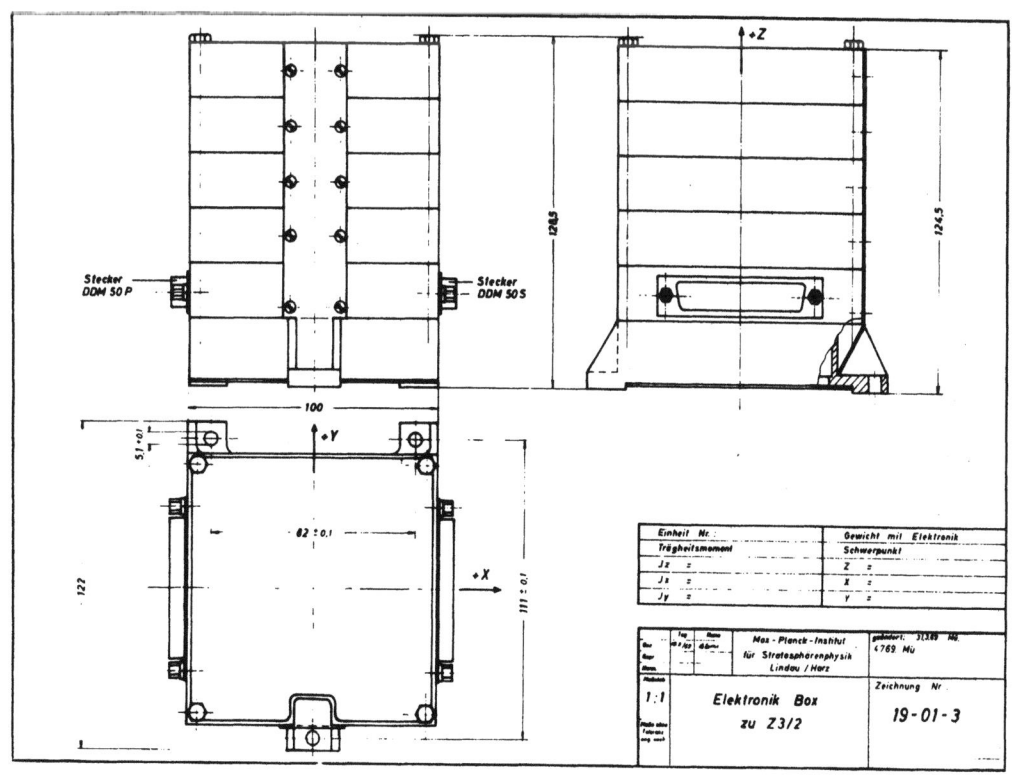

b) Elektronikbox

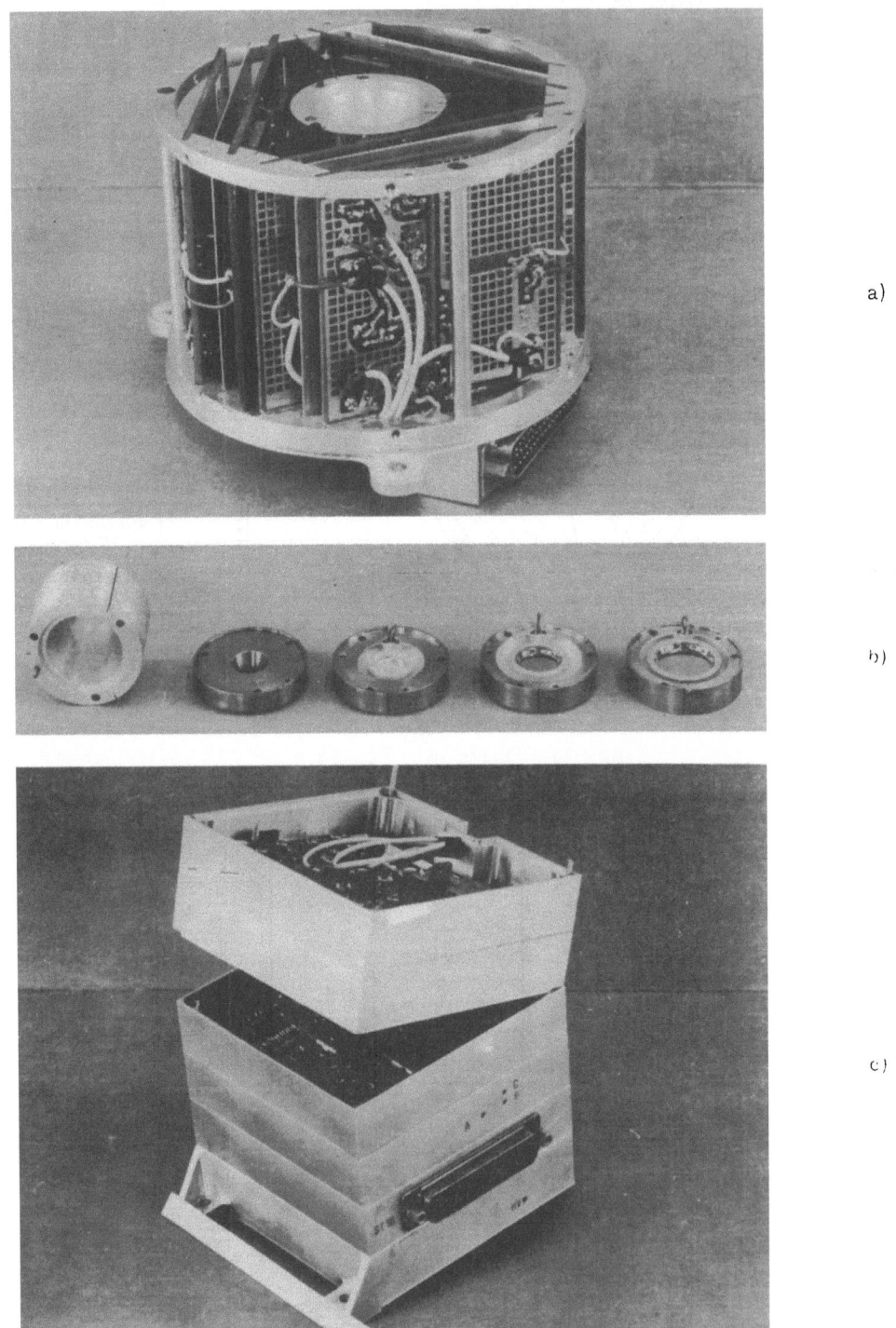

Abb. 4: Ansicht des Elektronen-Protonen Experimentes Z3

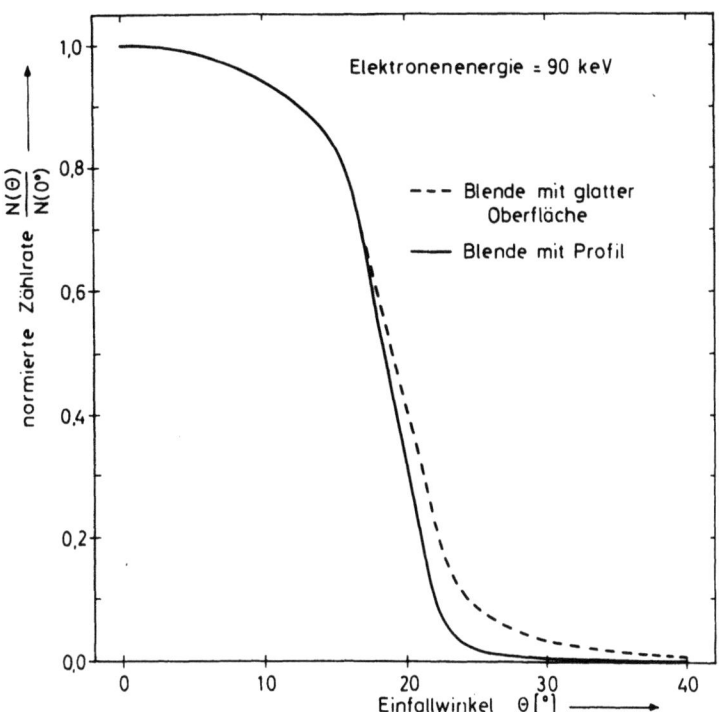

Abb. 5 : Ausmessung der Blendenwirkung im Elektronenstrahl bei 90 keV

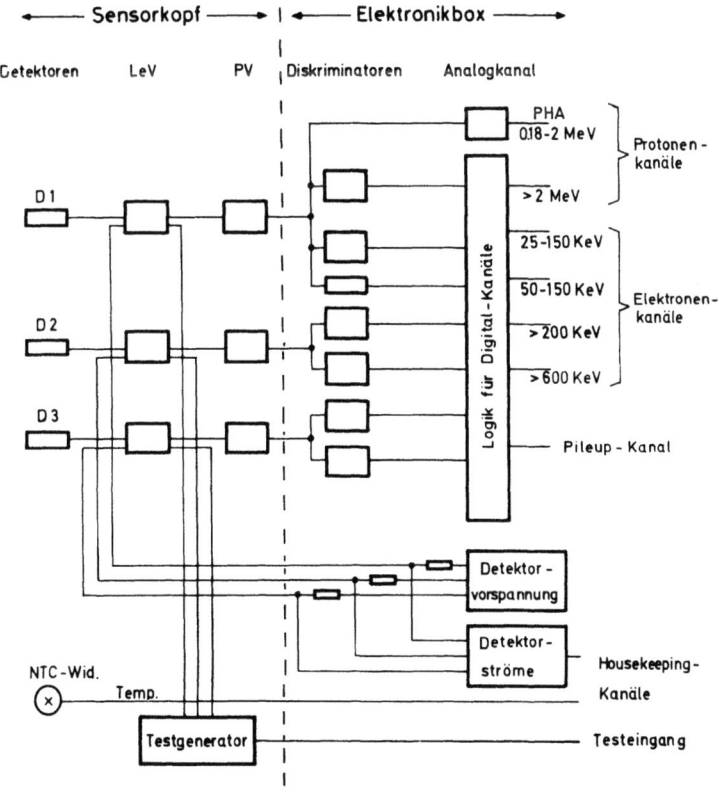

Abb. 6 : Übersichtsblockschaltung der Elektronik von Experiment Z 3

Beim Durchgang eines geladenen Teilchens durch den Halbleiterdetektor werden Elektronen-Loch-Paare erzeugt, die vom elektrischen Feld in der Verarmungszone getrennt werden und als Ladungsimpulse an den Elektroden abnehmbar sind. Will man daraus einen Spannungsimpuls erhalten, dessen Größe von den nicht konstanten parasitären Kapazitäten (Detektor- und Streukapazitäten) unabhängig sein soll, muß man als Vorverstärker den Typ des sog. ladungsempfindlichen Verstärkers (LeV, Abb. 6) verwenden. Dieser erzeugt einen Spannungsstoß, dessen Amplitude der erzeugten Ladung proportional ist. Die weitere Verstärkung auf Amplituden der Größe 0,5 - 5 V geschieht mit Pulsverstärkern (PV, Abb. 6). Diese Verstärker wie auch die LeV liegen in Bausteinform vor. Ihre Eigenschaften sind in RAETHJEN und UHLMANN [1970] beschrieben.

Die ausreichend verstärkten Impulse aller 3 Meßkanäle werden in der Elektronikbox von Integraldiskriminatoren nach ihrer Pulsamplitude geordnet. Da der Energieverlust der Elektronen in Materie starken Streuungen unterliegt, ist bei den als sog. dE/dx - Zähler betriebenen Sensoren nur eine grobe Amplitudenstufung sinnvoll.

2.222 Protonenkanäle

Für Protonen im Energiebereich $0,18 \leq E \leq 2,2$ MeV ist nach 2.1 der Zusammenhang zwischen der Anfangenergie und der Impulsamplitude linear. Daher gibt im Gegensatz zur Analyse des Elektronenenergieverlustes eine genaue Pulshöhenanalyse der von Protonen herrührenden Impulse die Möglichkeit, differentielle Spektren zu messen. Neben Beschränkungen, die sich aus der begrenzten Bandbreite des Übertragungskanals zwischen Rakete und Empfangsstation ableiten, gibt es für die Genauigkeit der Pulshöhenanalyse eine obere Grenze, die vom Gesamtrauschen des Experimentes bestimmt wird.

Von der Kapazität des im Rahmen des Projektes entwickelten PCM-Telemetriesystems her (PCM : Pulse-Code-Modulation) ist eine Übertragung in 16 Amplitudenstufen vorgegeben. Werden die Pulshöhen der Impulse aus D_1 nach 16 linearen Amplitudenstufen eingeordnet, müßte man 2 Nachteile in Kauf nehmen:

Zum einen würde die daraus resultierende Kanalbreite von etwa 125 keV/Kanal bei niedrigen Energien eine zu grobe Information geben und die Energieauflösung ungenutzt lassen, die aufgrund des Rauschens möglich ist. Zum anderen würde die Pulshäufigkeit in den unteren Kanälen sehr groß werden, während in den oberen Kanälen kaum Ereignisse gezählt würden, da die Häufigkeit der zu messenden Protonen mit zunehmender Energie stark abnimmt. Um eine möglichst gleiche Anzahl von Ereignissen pro Kanal zu erhalten, ist eine Dynamikkompression des Pulshöhenbereichs erforderlich. Wegen der Schwierigkeiten, die beispielsweise eine logarithmische Kennlinie hinsichtlich der Temperaturstabilität bereitet, wird die Kennlinie durch zwei lineare Bereiche unterschiedlicher Steilheit angenähert, die bei etwa 400 keV ineinander übergehen. Die resultierende analoge Ausgangsspannung wird an das Telemetriesystem weitergegeben und dort von einem 16-stufigen Pulshöhenanalysator weiterverarbeitet. Abb. 7 gibt die Ausgangsspannung (U_{c1}) als Funktion der Protonenenergie bei 2 Temperaturen (gestrichelte und punktierte Geraden) und als Messung durch den telemetrieseitigen Pulshöhenanalysator (PHA, Treppenkurve) wieder.

Die Wirkungsweise des analogen Protonenkanals wird anhand der Abb. 8 deutlich. Ehe die Impulse zur Analyse zugelassen werden, muß geprüft werden, ob das Ereignis von einem Proton im interessierenden Energiebereich verursacht worden ist (siehe Bedingung aus der 3. Zeile der Tab. 1). Während dieser Zeit wird die Pulsamplitude von einem Verlängerer gehalten. Die Dynamikkompression geschieht mit Hilfe des Begrenzers, des Verstärkers V und der Widerstände $R_1 \ldots R_3$. Ist die Antikoinzidenzbedingung erfüllt, wird das Analogsignal vom linearen Tor an den PHA weitergegeben. Zusätzlich werden in einem digitalen Zählkanal die Protonen erfaßt, deren Energie zwischen 2,2 und 10 MeV liegt, deren Reichweite groß genug ist, Detektor D2 zu erreichen (4. Zeile, Tab. 1).

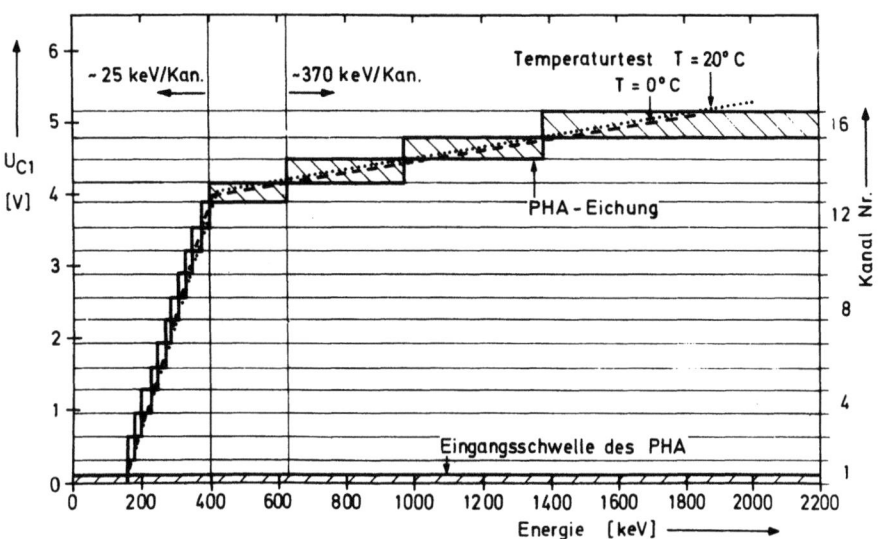

Abb. 7: Kennlinie des Protonenkanals C_1 als Funktion der Energie bei 2 Temperaturen ($0°C$, $20°C$).

Linke Ordinate : Ausgangsspannung U_{c1} in V

rechte Ordinate : Ausgangsspannung gemessen mit 16-stufigem Pulshöhenanalysator (PHA-Eichung)

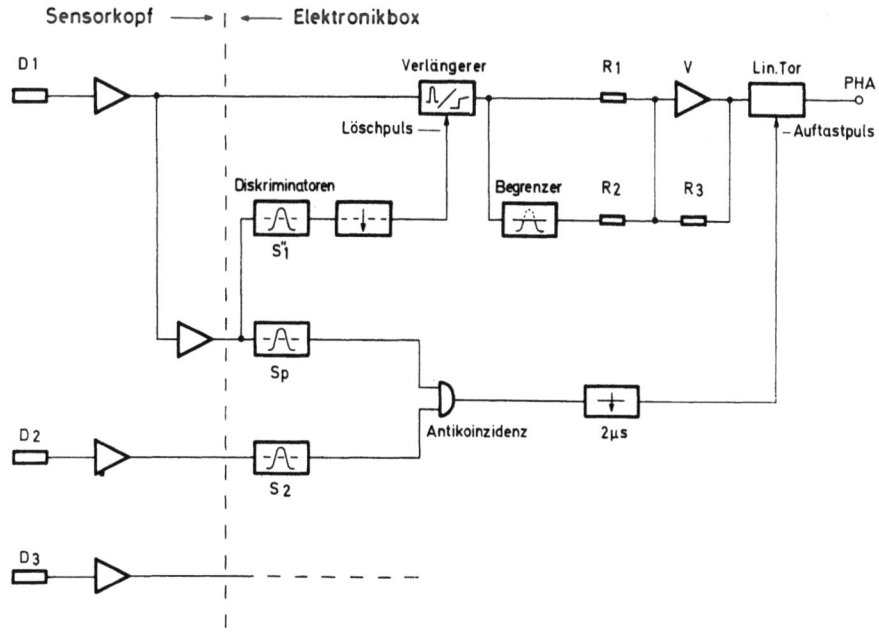

Abb. 8: Blockschaltung des Protonenkanals C_1

2.223 Funktionsüberwachung

Um eine Funktionskontrolle während des Fluges über die Sensoren zu haben, sind zwei Überwachungskanäle vorgesehen, die im Abstand von 0,6 sec übertragen werden.

Mit dem einen Kanal wird die Temperatur in unmittelbarer Nähe der Detektoren gemessen. Da der Sperrstrom der Halbleiterzähler stark temperaturabhängig ist und dieser die stärkste Rauschquelle darstellt, gibt die Temperatur ein Maß für die Nullrate des Experimentes. Über den zweiten Kanal wird die Größe der Detektorströme überwacht. Damit diese Kontrolle nicht zuviel Übertragungskapazität erfordert, wird lediglich festgestellt, ob der Sperrstrom in den Sensoren seinen vorgeschriebenen Wert nicht übersteigt. Mit Hilfe einer Kodierung der Information von allen drei Sensoren läßt sich aus der Höhe der Housekeepingspannung[+] in eindeutiger Weise ablesen, ob und in welchem Detektor das Rauschen angestiegen ist.

2.224 Interner Test

Ein im Experiment eingebauter Testgenerator gstattet es, auf Kommando von der Bodenstation aus eine Prüfung der Elektronik vorzunehmen. Zu diesem Zweck simuliert eine Treppenspannung Detektorpulse unterschiedlicher Amplituden. An den Ausgangskanälen des Experimentes entsteht dabei innerhalb statistischer Schwankungen ein zeitlich konstantes "Bitmuster".

Diese Testprozedur wird speziell beim Abschlußtest während des Count-Down durchgeführt, wobei das Bitmuster von einem Rechner mit Toleranzwerten verglichen wird. Auf diese Weise ist es schnell genug möglich, bei einem die Meßaufgabe in Frage stellenden Defekt bis zum Zeitpunkt der Zündung des Raketenmototrs den Count-Down zu unterbrechen.

2.3 Einbau in die Nutzlast

Bei der Interpretation von Teilchenflüssen, die vom Magnetfeld der Erde geführt werden, ist es wichtig, die Flüsse der Elektronen oder Protonen als Funktion des sogenannten "Pitchwinkels" zu kennen (Winkel zwischen Magnetfeld- und Geschwindigkeitsvektor). Zur Messung der Pitchwinkelverteilungen macht man sich die Drehung zunutze, die eine spinstabilisierte Rakete ausführt. Dabei wird der Winkel zwischen der Sensorachse des Experimentes und dem Magnetfeld periodisch geändert, so daß der direktionale Teilchenfluß aus verschiedenen Pitchwinkelbereichen in zeitlicher Folge gemessen werden kann.

Das werde anhand der Abb. 9 verdeutlicht. In ihr ist die Lage des Erdmagnetfeldvektors, der Raketenspinachse und die Sensorachse eines Experimentes (z.B. Sensorachse Z 3 I) in der Einheitskugel skizziert. Mit α sei der Winkel zwischen Magnetfeld und Spinachse und mit β_I der Einbauwinkel des Experimentes bezüglich der Spinachse bezeichnet. θ_I gibt den eigentlichen Winkel zwischen Magnetfeld und Sensorachse an ; θ_I ist somit der Pitchwinkel eines Teilchens, das parallel zur Sensorachse einfällt. Der Zusammenhang zwischen θ_I und den übrigen Größen ergibt sich aus der Anwendung des Kosinussatzes der sphärischen Trigonometrie:

$$\cos \theta_I(t) = \cos \beta_I \cdot \cos \alpha + \sin \beta_I \cdot \sin \alpha \cdot \cos \omega \cdot t$$

(ω = Kreisfrequenz der Spinbewegung)

[+] Der bei Raketen und Raumsonden gebräuchliche Ausdruck für Funktionsüberwachung

2.3

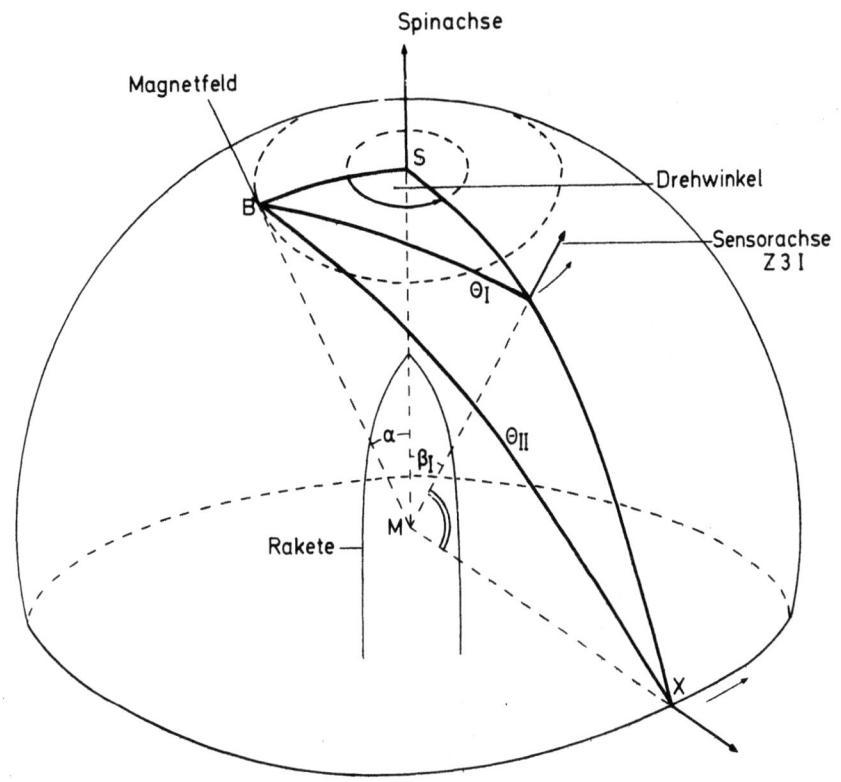

Abb. 9: Einbaugeometrie der Experimente Z 3I und Z 3II in die Raketennutzlast

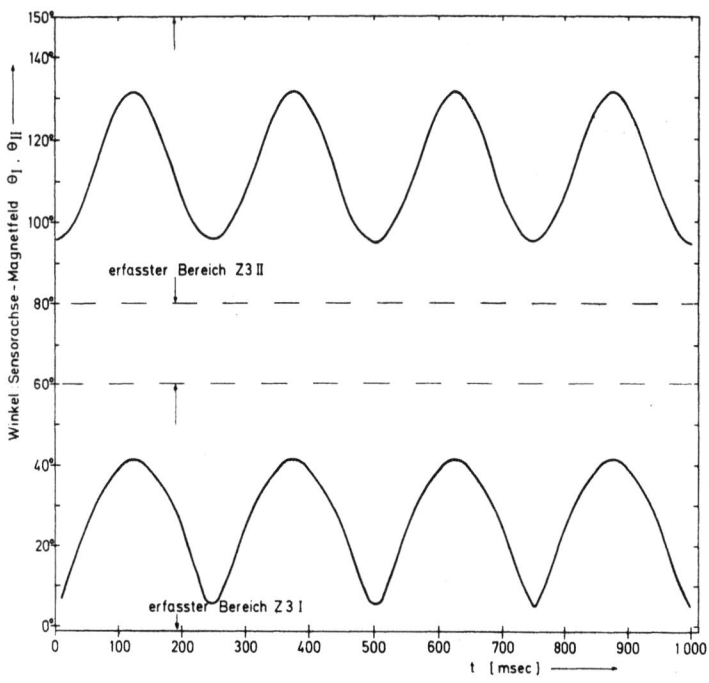

Abb. 11: Winkel zwischen den Sensorachsen der Experimente Z 3I, Z 3II und dem Erdmagnetfeld

Der von der Sensorachse überstrichene Winkelbereich ist umso größer, je mehr α und β_I sich $90°$ nähern. α ist durch die Wahl eines bestimmten Startplatzes und den Elevationswinkel beim Start festgelegt und beträgt hier etwa $18°$. Aus der obigen Gleichung geht hervor, daß bei einem Einbauwinkel, der größer als α ist, der überstrichene Winkelbereich 2α (also $36°$) beträgt. Mit einer einzigen Experimenteinheit je Nutzlast gelingt es also nicht, eine möglichst vollständige Verteilung der Teilchenflüsse in Bezug auf das Magnetfeld zu erhalten. Deswegen werden in die Nutzlasten je zwei Experimenteinheiten eingebaut, deren Sensorachsen aufeinander senkrecht stehen (Sensorachse Z 3 II, Abb. 9). Abb. 10 zeigt eine fertig integrierte Nutzlastspitze vor Aufsetzen eines Nose Cone[+].

In Abb. 11 sind die Winkel θ_I und θ_{II} als Funktion der Zeit gezeichnet bei einer Spinrate von 4/sec und Einbauwinkeln von $\beta_I = 23°$, $\beta_{II} = 113°$. Da jedes Experiment den Teilchenfluß noch über seinem Aperturwinkel integriert, werden von den beiden Einheiten etwa die Pitchwinkelbereiche $0° - 60°$ und $80° - 150°$ überdeckt.

2.4 Übertragung der Daten

Aus der Forderung nach hoher zeitlicher Auflösung resultiert ein großer Datenfluß, der von der Telemetrie bewältigt werden muß. Die zu übertragende Information der gesamten Nutzlast beträgt 80 k bit/s, wenn alle 20 msec ein Meßwert übertragen wird. Um diesen hohen Informationsfluß zu verarbeiten, wurde speziell ein PCM-Telemetriesystem im Institut für Satellitenelektronik der DFVLR in Oberpfaffenhofen entwickelt. Seine Beschreibung findet sich ausführlich in PASCHKE [1970] und KEPPLER [1970].

Der Telemetriedatenrahmen wird aus 128 Worten gebildet. Die Wortlänge beträgt 12 bit, entsprechend einer Dauer von 150 µs. Während der Übertragungsdauer von 127 Worten ($\triangleq$ 19,05 msec) werden die Pulse der digitalen Ausgangskanäle der Experimente von Zähl-Schiebe-Registern gezählt. Für die Dauer des 128. Wortes werden die Register gesperrt und deren Inhalt ausgelesen.

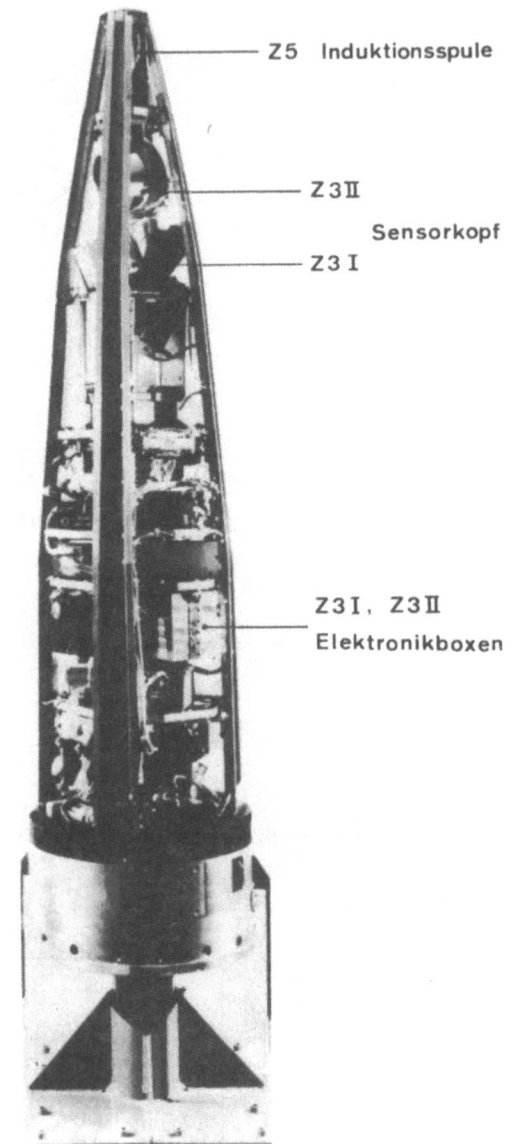

Abb. 10: Nutzlastspitze vor Aufsetzen des Nose Cone. Die Lage der Experimente Z 3 I, Z 3 II und des Magnetometers Z 5 ist angegeben.

[+] Schutzhaube, die die Experimente vor schädigenden Einflüssen beim Durchfliegen der dichteren Atmosphärenschichten bewahren soll.

Die Übertragung der Protonendaten geschieht ebenfalls alle 19,2 msec, indem die Inhalte der 16 Amplitudenstufenregister des Pulshöhenanalysators (PHA) genau wie die der digitalen Experimentkanäle auf Zähl-Schiebe-Register gelangen. Da außer den beiden Experimenten Z3I und Z3II ein weiteres den gleichen PHA mitbenutzt, wird der Protonenkanal über einen Multiplexer nur für eine bestimmte Zeit an den PHA angeschlossen. Für die Dauer von jeweils 32 Telemetriedatenrahmen wird alle 19,2 msec ein volles Spektrum übertragen. In der durch 2x32 Rahmenlängen definierten Zwischenzeit wird lediglich nur die Gesamtzahl der pro Rahmen zu analysierenden Pulse gezählt.

Mit einer Abfragegeschwindigkeit von 52 Rahmen/sec und einer Spinrate von 4 Hz mittelt das Experiment bei einer Umdrehung der Rakete über die Zeitdauer von 13 Telemetrierahmen. Aus den 26 Werten einer Umdrehung von Z3I und Z3II lassen sich im Abstand von 250 msec die direktionalen Pitchwinkelverteilungen ableiten (siehe Kap. 7.5).

3. Umwelttests

Ziel der Umwelttests ist es, zu zeigen, daß die Experimente den bei Transport, Lagerung, Start und Flug auftretenden Beanspruchungen ohne Fehler oder Degradation mit Sicherheit standhalten. Aus diesem Grunde werden Prototypen der Experimente im Qualifikationstest Belastungen ausgesetzt, die höher als die zu erwartenden veranschlagt sind.

Darüber hinaus dienen die Abnahmetests, die den tatsächlichen Belastungen angepaßt sind und denen jedes Flugexemplar unterworfen wird, der Aufdeckung von Material- und Fertigungsmängeln. Vor und nach jedem Testgang wird mit Hilfe einer Funktionskontrolle der Zustand des Experimentes festgestellt. Zu den Tests gehören Belastungen durch:

1. Schock
2. Lineare Beschleunigung
3. Vibration (Sinus)
4. Vibration (Random)
5. Temperatur (Funktion)
6. Tempertatur (Lagerung)
7. Vakuum

Eine ausführliche Abhandlung der Testdurchführung dieses Projektes findet sich in BUNK et al. [1970].

4. Kalibrierung der Sensoren

4.1 Ziel der Kalibrierung

In diesem Abschnitt werden die Messungen behandelt, aus denen das Verhalten des Experimentes bei Elektronen- und Protonenbestrahlung hervorgeht. Dabei wird zwischen der Kalibrierung eines Experimentes im Elektronenspektrometer und Protonenbeschleuniger und der Energieeichung aller verwendeten Detektoren mit Hilfe eines Präparates unterschieden. Die Energieeichung dient dazu, den Zusammenhang zwischen Energieverlust im Detektor und meßbarer Ausgangsamplitude experimentell zu bestimmen, um technisch bedingte Streuungen der Experimente untereinander auszuschließen. Im Gegensatz dazu sollen bei der Kalibrierung des Sensorkopfes die Abweichungen zwischen der aus der Theorie abgeleiteten Wirkungsweise und dem tatsächlichen Verhalten durch Messungen erfaßt werden.

Das in Abschnitt 2.1 dargelegte Meßprinzip beruht darauf, daß in einer Materieschicht bestimmter Dicke Elektronen im allgemeinen einen viel kleineren maximalen Energiebetrag verlieren als Protonen:

Da Elektronen aufgrund der größeren Reichweite schon mit wesentlich niedrigerer Energie eine Materieschicht durchdringen, können sie nur einen weit geringeren Energiebetrag in einer bestimmten Schichtdicke als Protonen abgeben. Diese Abgrenzung zwischen Teilchenarten mit unterschiedlicher spezifischer Ionisation ist z.B. für die Unterscheidung von Protonen und α-Teilchen ohne Schwierigkeiten möglich. Bei der Unterscheidung von Elektronen und Protonen muß aber berücksichtigt werden, daß die Elektronen keine scharf begrenzte Reichweite haben.

Die beim Durchgang von geladenen Teilchen durch Materie stattfindenden elementaren Prozesse lassen sich in zwei verschiedene Vorgänge trennen: die Wechselwirkung mit den Elektronen der Atomhülle, die mit Energieabgabe verbunden ist und die elastische Streuung am Atomkern, die zu einer Ablenkung führt. Aufgrund der wesentlich kleineren Masse werden Elektronen beim Durchgang durch Materie viel stärker gestreut, so daß die tatsächlich durchlaufene Absorbierdicke die geometrische Dicke weit übertreffen kann. Mithin wird die an den Detektor abgegebene Energie einzelner monoenergetischer Elektronen, deren Reichweite größer als die Detektordicke ist, im Rahmen dieser statistischen Streuprozesse voneinander abweichen. Für das Meßprinzip bedeutet das: Die zur Trennung von Protonen und Elektronen eingeführte Diskriminatorschwelle Sp (siehe Abschnitt 2.1, Abb. 2) kann mit einer mit zunehmender Energie abnehmenden Wahrscheinlichkeit auch von Elektronen überschritten werden. Zwar ist die Lage dieser Schwelle schon um den Faktor 1,5 höher als die Maximalenergie festgesetzt worden, die sich nach Integration der Kurven für den mittleren Energieverlust ergibt, aber trotzdem kann bei zahlenmäßiger Überlegenheit der Elektronenflüsse > 150 keV die Messung der Protonen beeinflußt werden.

Ebenfalls eine Folge der wesentlich stärkeren Streuung der Elektronen ist ein Verlust in der Nachweiswahrscheinlichkeit aufgrund des kleinen Volumens im Detektor D_1. Zu diesem Verlust tragen Elektronen bei, die unter so großen Winkeln gestreut werden, daß sie das Detektorvolumen wieder verlassen, ohne einen zur Registrierung ausreichenden Energiebetrag abgegeben zu haben. Ziel der Kalibrierung am Elektronenspektrometer ist daher die Kenntnis des Ansprechvermögens auf Elektrone als Funktion der Energie sowohl in den Elektronen- als auch in den Protonenkanälen.

4.2 Ansprechvermögen auf Elektronen

Aus der gestellten Meßaufgabe ergeben sich 4 Forderungen an den zur Kalibrierung benutzten Elektronenstrahl:

    variable Elektronenenergie im Energiebereich von ca. 20 keV
    bis ca. 1,5 MeV,
    Energiehalbwertsbreiten von wenigen Prozent,
    keine Fluktuationen der Intensität über das Strahlprofil,
    gute Langzeitkonstanz.

Speziell aufgrund der beiden zuletzt erhobenen Forderungen scheiden Elektronenbeschleuniger mit einer Glühkathode als Elektronenquelle aus. Hingegen werden von einem magnetischen β-Spektrometer, das die aus einem β-Strahler stammenden Elektronen magnetisch selektiert, die Forderungen befriedigend erfüllt. Das hier benutzte Spektrometer ist im Institut speziell für Messungen an Halbleiterexperimenten entwickelt worden. Die relative Halbwertsbreite beträgt etwa 8 % bei niedrigen und etwa 4 % bei hohen Energien. Um über einen so weiten Energiebereich eine ausreichend hohe Intensität zur Verfügung zu haben, mußten zwei Präparate verwendet werden und zwar eine 7,5 mCi starke Pm-147- (Endenergie des β-Kontinuums 228 keV) und eine 1 mCi starke Sr-90-Punktquelle (Endenergie 2,26 MeV). Mit Hilfe einer Justiervorrichtung wurde zunächst genau an der Stelle, an der auch das Experiment während der

4.2

Messungen fixiert war, mit einem Referenzdetektor die Intensitätsverteilung als Funktion der Energie für beide Präparate aufgenommen. Zur Verringerung der Rücksteuerverluste bei der Eichung des Spektrometers wurde als Referenzdetektor ein Halbleiterzähler mit ausreichender Zonentiefe und Zählfläche genommen (Detektor-Typ AA 200-2TR, Fa. KEVEX) und die Integration der aufgenommenen Spektren bis nahe an die Rauschgrenze durchgeführt.

Die gleichen Messungen wurden mit 2 Flugeinheiten des Experimentes Z3 wiederholt und die Pulsraten der digitalen Ausgangskanäle registriert. Parallel dazu wurde mit einem 400 Kanal-Analysator die Pulshöhenverteilung der verstärkten Detektorpulse aufgenommen. Aus diesen Spektren wurde durch Aufsummierung der Kanalinhalte oberhalb einer laufenden Energiegrenze E' die Wahrscheinlichkeit ermittelt, mit der ein Elektron einen E' übersteigenden Energiebetrag im Detektor abgibt. Für den Detektor D_1 (50μ Dicke der Verarmungsschicht) sind diese Wahrscheinlichkeiten als Funktion von E' bei den Primärenergien 105, 125, 175, 225 keV in Abb. 12 angegeben. Anhand dieser Kurven läßt sich das in Abb. 13 dargestellte Niveaulinienschema konstruieren, aus dem als Funktion der Primärenergie hervorgeht, mit welcher Wahrscheinlichkeit ein Elektron einen Energiebetrag größer E' im Detektor verliert. Aus der Lage der miteingetragenen Diskriminatorschwellen S_1', S_1'' und Sp (siehe auch Tabelle 1) in diesem Niveaulinienschema wird veranschaulicht, wie stark die Abweichungen gegenüber der Energieverlustkurve, die aus der Integration der dE/dx-Werte für Elektronen berechnet worden ist, aufgrund der starken Elektronenstreuung sind. Da der Referenzdetektor hinter einer mit dem Experiment völlig identischen Blende angebracht war, ergibt sich das Ansprechvermögen der Elektronenkanäle aus dem Quotienten entsprechender Messungen der Experimente und des Referenzdetektors.

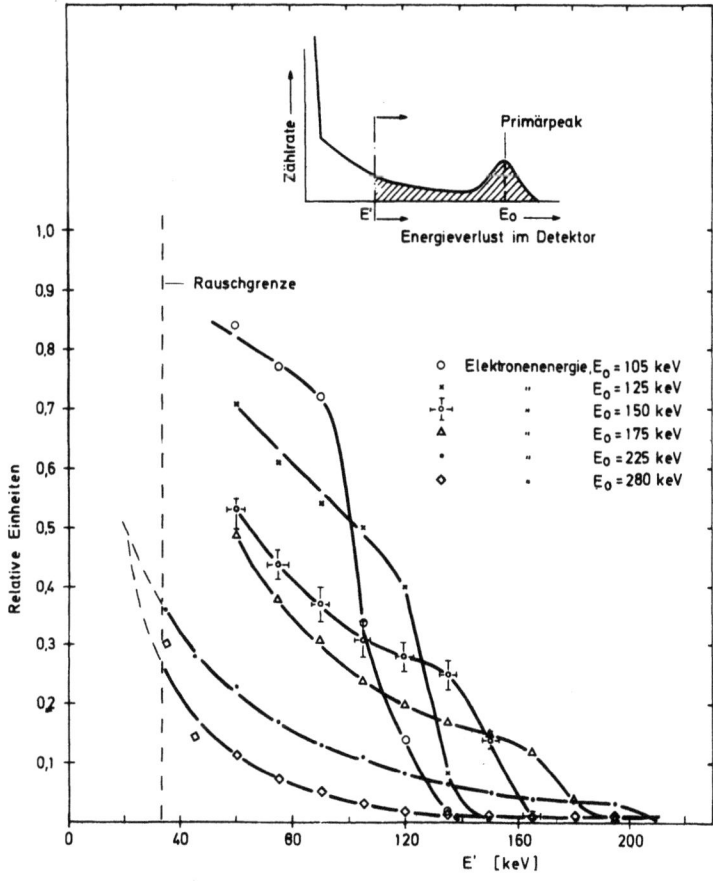

Abb. 12: Wahrscheinlichkeit für Elektronen der Anfangsenergie E_0, einen effektiven Energiebetrag (einschließlich Rauschen) größer E' in Detektor D_1 zu verlieren

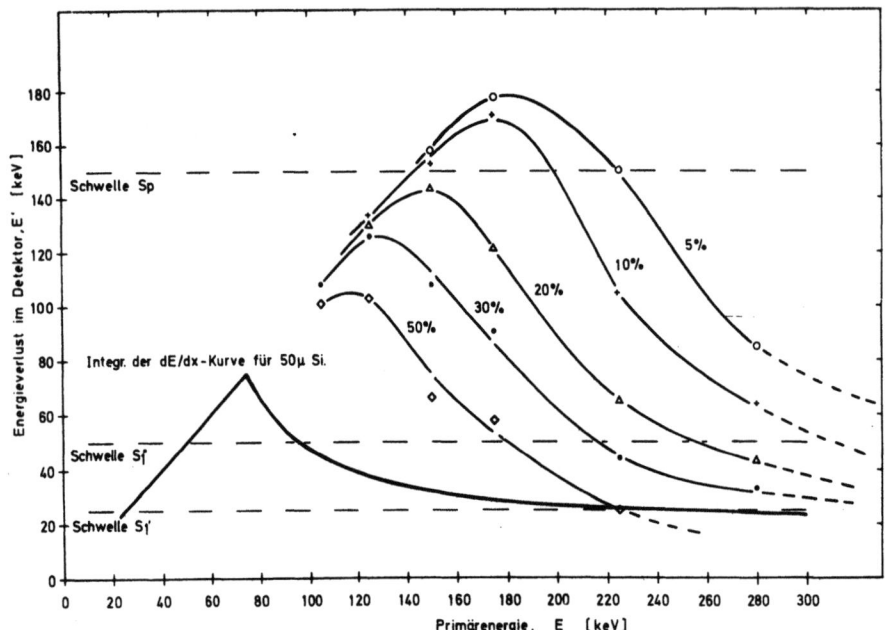

Abb. 13: Niveaulinienschema für den Energieverlust von Elektronen in Detektor D_1
(Erläuterungen siehe Text)

Der gesamte Fehler dieser Messungen wird zu ca. 15 % abgeschätzt. Er setzt sich zusammen aus:

den Abweichungen in der Justierung von Experiment und Referenzdetektor

den statistischen Fehlern der Intensitätseichung und der Messung mit den Experimenten

den Zählverlusten im Referenzdetektor aufgrund gestreuter Elektronen, deren Energieverlust unter der Rauschgrenze liegt und so bei der Integration nicht miterfaßt wird.

In den Abbildungen 14a und 14b sind die Ansprechwahrscheinlichkeiten über der Energie für die 4 Elektronenkanäle C 3, C 4, C 6, C 7 (siehe Bezeichnungen der Kanäle in Tab. 1) angegeben. Das Ansprechvermögen des Protonenkanals C 1D auf Elektronen ist mit in Abb. 14a gezeichnet. Man erkennt, daß in einem engen Energiebereich oberhalb der auf 150 keV eingestellten Diskriminatorschwelle Sp die Elektronen noch mit Nachweiswahrscheinlichkeiten von einigen Prozent miterfaßt werden können. Wenn also der Elektronenfluß im Energiebereich 150 - 300 keV in die gleiche Größenordnung wie der Protonenfluß

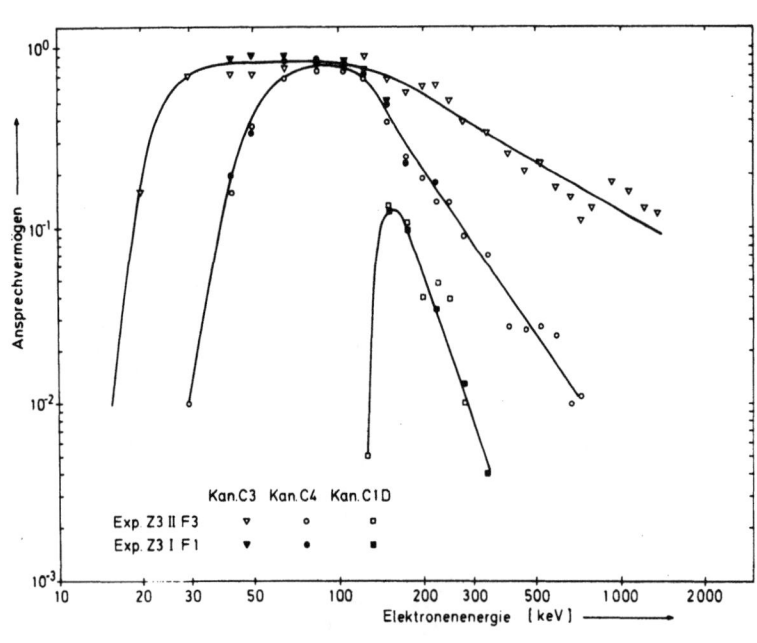

Abb. 14a

kommt, müssen die unteren Kanäle des vom PHA gemessenen Protonenspektrums korrigiert werden.

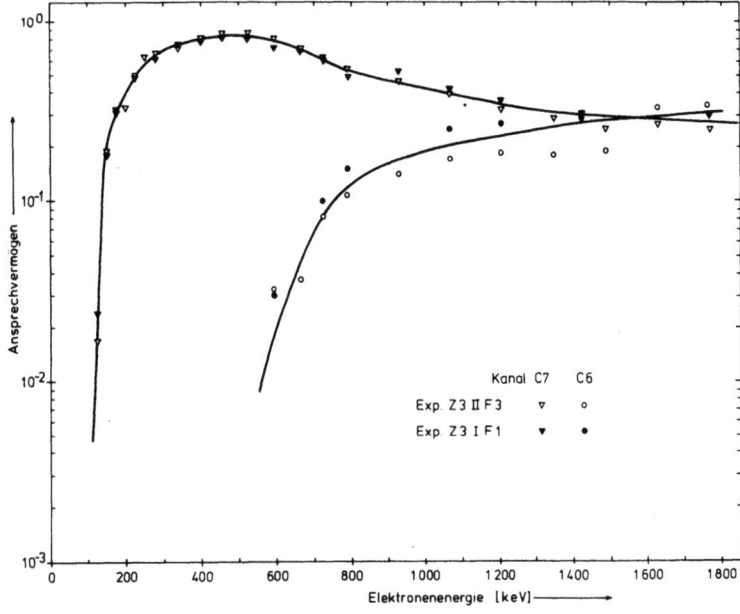

Abb. 14b: Ansprechvermögen der Elektronenkanäle und des Protonenkanals (C1D) auf Elektronen im Energiebereich $0,02 \leq E \leq 1,8$ MeV (Z 3 I F1, Z 3 II F3: Flugeinheiten des Experimentes Z 3)

Abb. 14b

4.3 Messungen im Protonenstrahl

Aufgrund der gegenüber Elektronen großen Protonenmasse hat die Streuung von Protonen auf die Eigenschaften dieses Experimentes keinen ausschlaggebenden Einfluß. Die Messungen sollen lediglich bestätigen,

daß der Energieverlust der Protonen in der Al-Totschicht des Detektors D_1 mit dem von ALLISON und WARSHAW [1953] angegebenen übereinstimmt,

daß die mit einer β-Konversionslinie des Th-B ($_{82}Pb^{212}$) bei 148 keV durchgeführte Detektoreichung mit der Eichung direkt durch Protonen übereinstimmt,

daß die Mindestenergie zur Durchdringung des 1. Detektors mit der durch Integration der dE/dx-Kurve nach WEISS und WHATLEY [1962] errechneten übereinstimmt.

Für diese Meßaufgabe wäre ein Protonenstrahl wünschenswert gewesen, der neben der Forderung nach variabler Energie und Intensität im ganzen vom Experiment überdeckten Meßbereich auch die der zeitlichen und räumlichen Konstanz des Protonenstrahls erfüllt hätte. Der hier benutzte Protonenbeschleuniger der Firma SIEMENS in Erlangen stellt für dieses Meßziel einen Kompromiß dar: der von 300 keV bis 2,5 MeV reichende Energiebereich gestattet zwar den Vergleich des Energieverlustes der 300 keV-Protonen in der Al-Totschicht mit anderen Messungen und die Ermittlung der für die Durchdringung des Detektors erforderlichen Mindestenergie, andererseits hat aber der aus dem Beschleuniger austretende Protonenstrahl für solche Messungen eine viel zu hohe Minimalintensität. Zur Verringerung der Intensität werden die Protonen an einer 1,4 μ dicken Goldfolie gestreut und nur die um $\Theta = 90°$ abgelenkten Protonen für die Eichung benutzt. Die Intensität wird auf diese Weise abhängig von der Protonenenergie auf $10^2 - 10^3$ Protonen/mm^{2}sec reduziert.

Nach der Streuung an der Folie erhält man aus dem monoenergetischen Protonenstrahl ein Energie-Kontinuum, dessen obere Grenze der Primärenergie entspricht und von unmittelbar in der Oberflächenschicht gestreuten Protonen herrührt, dessen untere Grenze bei genügend großer Primärenergie durch die Protonen entsteht, die die Folie ganz durchlaufen, in der hinteren Oberflächenschicht gestreut werden und noch einmal durch die Folie laufen müssen. Zur Berechnung der Spektren, die sich so nach der Streuung ergeben, wird die Folie in n-Schichten aufgeteilt und der Energieverlust vor und nach der Streuung in der n-ten Schicht sowie die zugehörige Wahrscheinlichkeit für die elastische Streuung berechnet. Bei der Berechnung der Streuwahrscheinlichkeit mit einer in B. ROSSI [1952] angegebenen Formel interessiert nur die Abhängigkeit von der Protonengeschwindigkeit, da alle übrigen Größen für die Messung konstant sind. Damit vereinfacht sich die Formel für die differentielle Streuwahrscheinlichkeit $W(\theta)$

$$W(\theta) \cdot d\omega \cdot dx = \frac{1}{4} N \frac{Z^2}{A} r_e^2 \left(\frac{m_e c}{\beta \cdot p}\right)^2 (1 - \beta^2 \sin^2 \frac{\theta}{2}) \cdot \frac{d\omega}{\sin^4 \theta/2} \cdot dx$$

mit
- θ = Streuwinkel
- r_e = klassischer Elektronenradius
- m_e = Elektronenruhemasse
- m = Protonenmasse
- Z = Ordnungszahl des Streumaterials
- A = Atommassenzahl des Streumaterials
- N = Avogadrozahl
- $\beta \cdot c$ = Protonengeschwindigkeit
- $p = \frac{m \beta c}{(1 - \beta^2)^{1/2}}$ = Protonenimpuls
- $d\omega$ = Raumwinkel
- dx = Schichtdicke

zu
$$W(\theta) \cdot d\omega \cdot dx = C \cdot A(\beta) \cdot d\omega \cdot dx$$

mit
$$A(\beta) = \frac{1 - \beta^2}{\beta^4} (1 - 0{,}5 \beta^2) \quad \text{für } \theta = 90°.$$

Für eine feste Prämienenergie wurde $A(\beta)$ für jede der n-Schichten der Streufolie berechnet, wobei die Abnahme der Protonengeschwindigkeit mit zunehmender Eindringtiefe in die Folie mit Hilfe von β berücksichtigt wurde. Danach wurde $A(\beta)$ über der Energie aufgetragen, die ein Proton nach Verlassen der Folie hat. Die Konstante C wurde aus der Messung bestimmt. In Abb. 15 ist der Vergleich des so gewonnenen Streuspektrums mit der Messung durchgeführt. Anstelle der Energie ist auf der Abszisse die Nummer des Kanals angegeben, die sich bei Benutzung eines Pulshöhenanalysators für die der Energie äquivalente Pulsamplitude ergibt. Der Differenz ΔKN zwischen der aus der Messung ablesbaren Energiegrenze in Kanal Nummer 79 und der theoretischen oberen Grenze von 300 keV im Kanal Nummer 99 entspricht eine Energiedifferenz von 30 ± 6 keV. Diesen Energieverlust haben die Protonen beim Durchgang durch die 120 $\mu g/cm^2$ Aluminiumschicht, die auf Detektor D_1 aufgedampft ist, erlitten. Beim Zugrundelegen des von ALLISON und WARSHAW [1953] angegebenen Energieverlustes für Protonen von 300 keV in dieser Al-Schicht erhält man einen Energieverlust von ca. 35 keV. Die gleichen Messungen wurden auch bei den Energien 450; 900 keV; 1,5; 2,0; 2,2; 2,25 und 2,4 MeV vorgenommen und ähnlich wie vorher die oberen Energiegrenzen bestimmt. In Abb. 16 sind die Energien wieder durch die Kanalnummer repräsentiert, die sich bei Benutzung eines Pulshöhenanalysators für eine der Energie äquivalente Pulsamplitude ergibt. Trägt man sie über der zugehörigen Primärenergie der Protonen auf, dann erhält man die Eichung des Experimentes mit Protonen (gestrichelte Kurve). Außerdem enthält Abb. 16 auch die

Eichkurve, die man bei Simulation von Detektorimpulsen mit einem Generator erhält (durchgezogene Kurve). Dabei läßt sich die vom Generator erzeugte Pulsamplitude direkt in Einheiten der Energie einstellen, wenn die Amplitude einmal an eine Energiemessung angeschlossen wurde (der Generator wurde mit Hilfe der 148 keV Konversionselektronenlinie des Th-B an die Energieskala angeschlossen). Die Abweichungen im niederenergetischen Teil der Kennlinie in Abb. 16 sind die Folge des im vorigen Abschnitt bestimmten Energieverlustes der Protonen in der Al-Totschicht, den der Generator nicht erfassen kann.

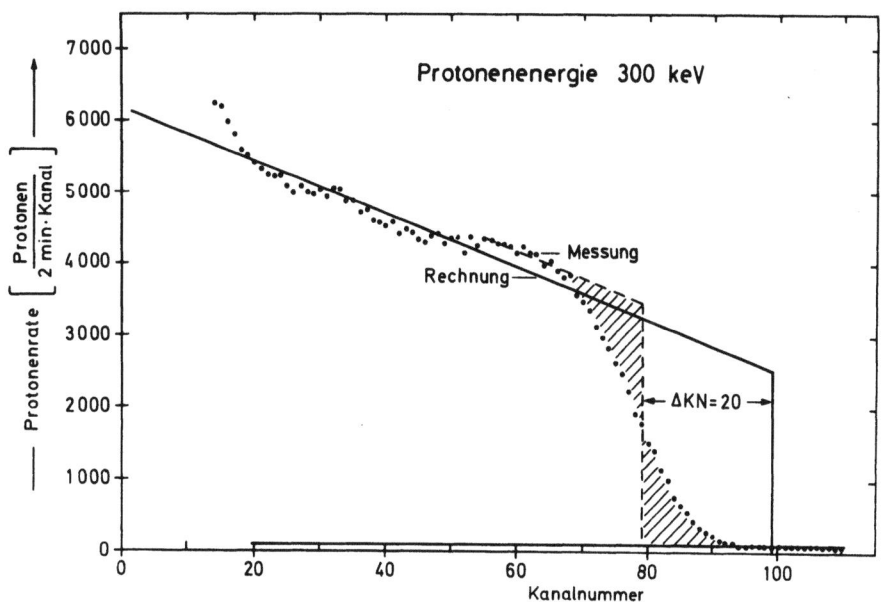

Abb. 15 : Messung des Energieverlustes von Protonen in der Al-Totschicht des Detektors D_1

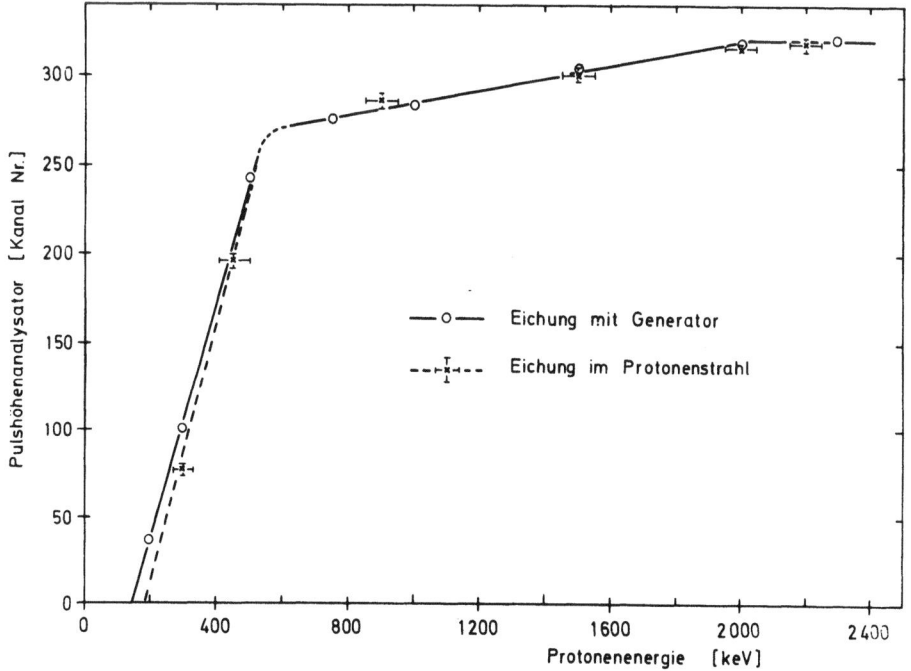

Abb. 16 : Eichung des Protonenkanals mit Impulsgenerator und im Protonenstrahl im Energiebereich $0,3 \leq E \leq 2,2$ MeV. Ordinatenmaßstab: Ausgangsspannung des Protonenkanals gemessen mit einem 400-Kanal Pulshöhenanalysator

Zur Ermittlung der Mindestenergie, die ein Proton für das Durchqueren des 50 μ dicken Detektors D_1 benötigt, werden die Zählraten der Protonenkanäle C1D und C2 des Experimentes als Funktion der Protonenenergie gemessen. Die Anzahl der Protonen, die insgesamt den Sensor nach der Streuung an der Goldfolie erreichen können, erhält man aus der Summe der von C1D und C2 gemessenen Zählraten. Zur Überprüfung ist in Abb. 17 die berechnete Kurve eingezeichnet, die sich mit Hilfe der weiter oben eingeführten Größe $A(\beta)$ ergibt. Das Ergebnis der Rechnung wurde auf die gemessene Zählrate bei einer Energie von 1,5 MeV normiert. Da auch die übrigen Meßpunkte gut durch die berechnete Kurve verbunden werden, gibt die Summe der Zählraten aus C1D und C2 wirklich die Gesamtzahl der den Sensor erreichenden Protonen an. Außerdem sind die Einzelzählraten der Kanäle C1D und C2 in der Abb. 17 angegeben. Aus

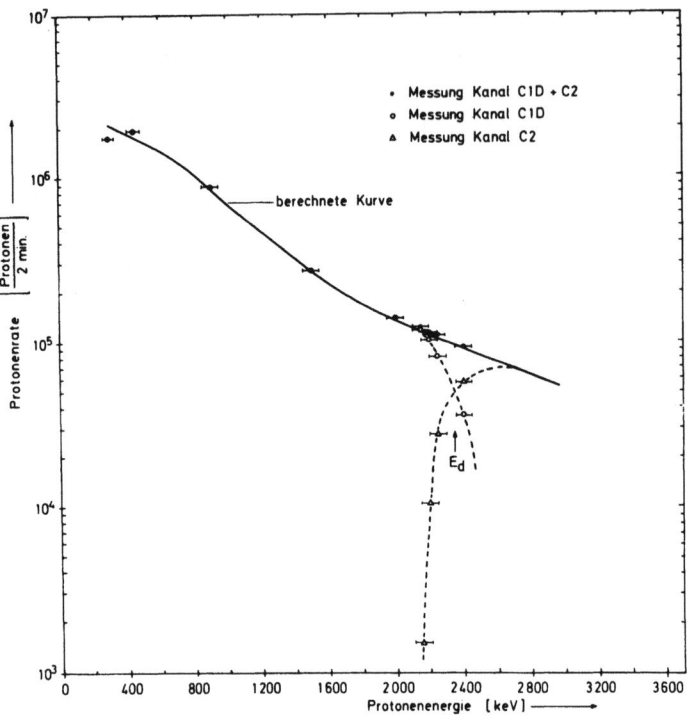

Abb. 17: Bestimmung derjenigen Protonenenergie, die zum Durchlaufen von Detektor D_1 erforderlich ist.

dem Schnittpunkt dieser beiden gestrichelt gezeichneten Kurven ergibt sich E_d = (2350 ± 50 keV). Protonen mit einer Energie oberhalb von E_d können in zunehmendem Maße Detektor D_1 durchlaufen und besitzen dann noch eine für den Nachweis in Detektor D_2 ausreichende Restenergie. Die Integration der dE/dx-Kurven nach WEISS und WHATLEY [1962] für 50 μ Schichtdicke in Silizium führt zu einer Energie von 2100 ± 100 keV. Beim Vergleich dieser beiden Werte muß berücksichtigt werden, daß Protonen, die von Kanal C2 erfaßt werden sollen, eine Restenergie von mindestens 100 keV haben müssen, um die zu C2 gehörige Diskriminatorschwelle auszulösen.

4.4 Messung des Dynamikbereiches

Neben Zählverlusten aufgrund physikalischer Prozesse, wie z.B. die beschriebene Verringerung der Nachweiswahrscheinlichkeit durch Rückstreuung von Elektronen, gibt es technisch bedingte Abweichungen in der Linearität zwischen primärem Teilchenfluß und gemessener Pulsrate. Sie kommen dadurch zustande, daß die elektronische Verarbeitung (einschl. der Totzeit) eines Teilchendurchgangs eine längere Zeit beanspruchen kann, als die Zeitspanne zwischen zwei Ereignissen beträgt. Je nachdem, ob die Totzeit konstant ist, unabhängig davon, daß weitere Ereignisse während dieser Zeitspanne auftreten können, erhält man 2 Grenzfälle für den Zusammenhang zwischen der im Zeitmittel ohne Verluste registrierten Anzahl (N) von Elektronen und der tatsächlich gemessenen (N') nach NEUERT [1966]:

bei einer konstanten Totzeit T gilt: $N' = N \cdot \frac{1}{1 + TN}$

bei einer Totzeit, die sich um einen bestimmten Betrag zwischen 0 und T verlängert, wenn in dieser ein weiteres Ereignis auftritt, gilt: $N' = N \cdot e^{-NT}$

Die tatsächliche Dynamikkennlinie $N' = f(N, T)$ kann innerhalb der durch diese beiden Gleichungen gegebenen Fälle liegen. Sie muß daher durch Messung bestimmt werden.

Zu diesem Zweck ist eine Teilchenquelle erforderlich, deren Intensität in einem genügend großen Intensitätsbereich regelbar ist. Dabei werden keine hohen Anforderungen an die Energiebreite des monoenergetischen Elektronenstrahls gestellt, so daß eine "Elektronenkanone" geeignet ist, die die von einem Glühdraht emittierten Elektronen in einem elektrischen Feld beschleunigt.

Bei der Messung wird so verfahren, daß im Parallelstrahl bei einer festen Energie die Zählraten an den Experimentausgängen als Funktion der Strahlintensität gemessen wird. Die Intensität ergibt sich aus der Spannung, die über einem Ableitwiderstand von einem Faraday-Becher abgenommen wird. Der Zusammenhang zwischen der Elektronenrate und der Becherspannung ist durch folgende Gleichung gegeben:

$$N = \frac{U_F \cdot F_2}{R_F \cdot e_o (F_1 - F_2)} = 4{,}2 \cdot 10^3 \cdot U_F \left(\frac{\text{Elektronen}}{\text{sec}}\right)$$

F_1 = Eintrittsfläche der Elektronen ⎫ am Faraday- = 1952 mm^2
F_2 = Austrittsfläche der Elektronen ⎭ Becher = 13 mm^2

U_F = Spannung am Faraday-Becher in (mV)

R_F = Ableitwiderstand

e_o = Elementarladung

N = Anzahl der Elektronen pro Zeiteinheit, die aus F_2 austreten.

In Abb. 18 sind die gemessenen Zählraten N' von 2 Experimentkanälen über der Faraday-Becher-Spannung bzw. über der Zählrate N dargestellt. Die Gerade entspricht einem linearen Zusammenhang zwischen N und N', der mit der obigen Gleichung festgelegt ist. Die in die Meßpunkte gezeichnete Kurve entspricht einer Totzeitkorrektur mit konstanter Totzeit von 16 μs. Die Abweichungen bei sehr hoher Elektronenintensität zwischen den beiden Kanälen C 3 und C 8 erklären sich aus der Tatsache, daß Kanal C 3 von einer höheren Diskriminatorschwelle (Schwelle Sp, Tab. 1) antikoizidiert wird, die von sog. "Pile-up"-Impulsen bei sehr hohen Intensitäten getriggert wird.

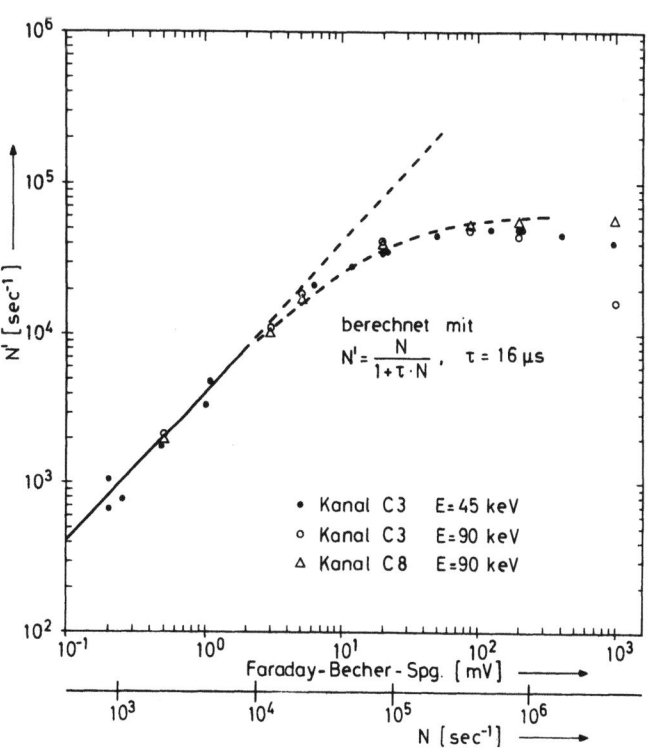

Abb. 18: Messung der Totzeitverluste im Elektronenstrahl bei den Energien 45 keV und 90 keV.

5. Allgemeine Kennzeichnung der gewonnenen Flugdaten

5.1 Qualität und Aufbereitung der Telemetriesignale

Die an Bord gewonnenen Meßdaten werden vom bordseitigen Telemetriesystem kodiert und in Phasenmodulation einer Trägerfrequenz von 230, 33 MHz aufgeprägt. Alle von der Bodenstation empfangenen Signale müssen in entsprechender Weise wieder dekodiert werden. Um Störeinstreuungen aus der Übertragungsstrecke zu erkennen, werden die Signale zunächst einem Rahmensynchronisator zugeführt, der nicht erkennbare Rahmen von der weiteren Dekodierung ausschließt. Solche Rahmen werden mit der dazugehörenden Zeitinformation versehen, alle übrigen Bits jedoch zur Kennzeichnung auf Null gesetzt.

Zur Vereinfachung der Auswertearbeit werden die dekodierten Telemetrieworte weiter aufbereitet und auf sogenannten "Experimentatorbändern" zur weiteren Auswertung zur Verfügung gestellt. Der erste Block eines solchen Magnetbandes ist ein Kopfblock, in dem zur Identifizierung Informationen über Nutzlast, Startdatum und -zeit, Flugende usw. enthalten sind. Anschließend folgen die Datenblöcke, die zur einen Hälfte aus den von den Experimenten gemessenen Werten, zur anderen aus Zusatzinformationen wie z.B. Spin, Nutation, Ablagewinkel der Raketenfigurachse vom Erdfeld, Meßzeitpunkt usw. bestehen. Jeder Datenblock entspricht einem Telemetriedatenrahmen, seine Meßdaten sind also während jeweils 19,2 msec gewonnen. Den Abschluß eines Bandes bildet die End-of-File Marke. Die Bänder werden so "beschrieben", daß sie mit der dem jeweiligen Institut verfügbaren Rechenanlage kompatibel sind.

5.2 Darstellung der Messungen

Die auf dem Experimentorenband befindlichen Rohdaten der Elektronenkanäle der Experimente Z3I und Z3II werden zunächst zusammen mit den Messungen des Induktionsspulmagnetometers als Funktion der Zeit mit Hilfe eines vom Rechner gesteuerten Plotters (CALCOMP-Plotter) grafisch dargestellt. Einen Ausschnitt aus dem Raketenflug X2 (X2 und X3 sind die projektinternen Bezeichnungen der in dieser Arbeit angesprochenen Raketen) ist in Abb. 19 zu sehen. Die Pulsraten pro Telemetriedatenrahmen der beiden Elektronenkanäle C3 (25 - 150 keV) und C4 (45 - 150 keV) sind logarithmisch über der Flugzeit gezeichnet. Die durchgezogene Linie gilt für das Experiment Z3I (ausgefällte Elektronen siehe Kap. 2.3), die durchbrochene für Z3II (Elektronen mit Pitchwinkeln größer 90°). Ganz unten findet sich in linearem Maßstab aber ohne Maßstabsangabe die Ausgangsspannung des Magnetometers (Experiment Z5, Beschreibung in HEINRICH [1970]), die vom Erdmagnetfeld aufgrund der Spinbewegung der Rakete in der Magnetometerspule induziert wird. Die Pulsraten der Elektronenkanäle zeigen ebenfalls eine Modulation mit der Spinfrequenz. Extremwerte der Zählkanäle erscheinen gleichzeitig mit Nulldurchgängen der Induktionsspannung. Da die Spulennormale und die Experimentsensorachsen in einer gemeinsamen Meridianebene der Rakete liegen (siehe Abb. 10) und den Nulldurchgängen der Induktionsspannung ein Extremwert der Magnetfeldkomponente in Richtung der Spulennormalen zukommt, treten Extremwerte der Zählraten nur bei minimalen oder maximalem Winkel zwischen Sensorachsen und Magnetfeldvektor auf.

Die Modulation der Pulsraten mit der Spinfrequenz zeigt, daß eine Abhängigkeit der gemessenen Elektronenflüsse vom Winkel zwischen dem Magnetfeld und dem Geschwindigkeitsvektor der Elektronen - dem sogenannten Pitchwinkel - besteht. Weiter läßt sich aus der Antikorrelation der Messungen von Z3I und Z3II ablesen, daß der direktionale Elektronenfluß ein Maximum bei einem Pitchwinkel in der Nähe von 90° haben muß. Zum Minimum und Maximum des Elektronenflusses gemessen von Z3I gehören die Pitchwinkelbereiche um 5° und 40°, zum Maximum und Minimum der Zählraten von Z3II die Pitchwinkelbereiche um 95° und 130° (vgl. Abb. 9).

5.2

Anhand der Zuordnung der Messungen zu einer bestimmten Phasenlage der Induktionsspannung kann in eindeutiger Weise auf den Pitchwinkelbereich geschlossen werden, aus dem der gemessene Teilchenfluß stammt.

Bei der Darstellung der integralen Zählraten dieser beiden niederenergetischen Elektronenkanäle in Abhängigkeit von der Flugzeit und -höhe werden Mittelwerte über 1 Sekunde (entsprechend etwa 4 Spinperioden) gebildet, wobei für die Mittelung immer nur die Inhalte aus solchen Telemetrierahmen herangezogen werden, die aufgrund einer bestimmten Magnetometerphasenlage aus gleichen Pitchwinkelbereichen stammen. Bei den Zählraten des höherenergetischen Meßkanals C 7 reicht eine Mittelung über 1 Sekunde nicht aus. Deshalb wird eine gleitende Mittelwertbildung über 5 Sekunden vorgenommen und bei Expe-

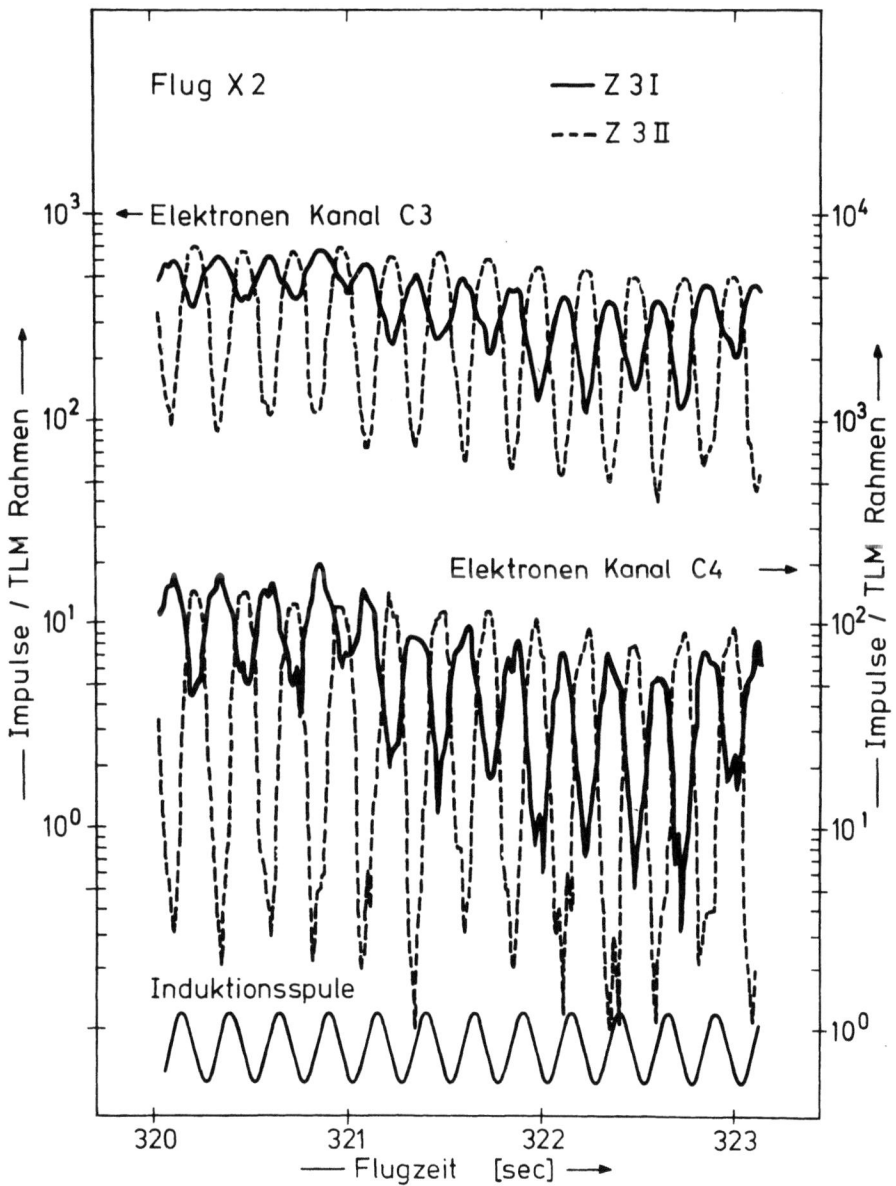

Abb. 19: Ausschnitt aus den Rohdaten des Fluges X 2
(Kanal C 3: Elektronen im Energiebereich 25 - 150 keV
Kanal C 4: Elektronen im Energiebereich 45 - 150 keV
Induktionsspannung: Ausgangsspannung des Magnetometers Experiment Z 5)

riment Z3I über alle Magnetometerphasenlagen (Pitchwinkelbereich $0°$ - $55°$) gemittelt, hingegen bei Experiment Z3II nur dann, wenn der Pitchwinkelbereich um $90°$ **erfaßt** wird. Die Umrechnung der Rohwerte in Teilchenflüsse [$cm^{-2} sr^{-1} sec^{-1}$] geschieht mit dem Faktor $0,95 \cdot 10^3$, der den Geometriefaktor bei isotroper Strahlung und die zeitliche Länge der Telemetriedatenrahmen zusammenfaßt. Die bei den Flüssen eingezeichneten Fehlerbalken kennzeichnen einerseits die statistischen Abweichungen (in der Hauptsache bei niedriger Intensität) und andererseits die Fehler aus der Unsicherheit der Korrektur der durch die Totzeit verursachten Zählverluste (überwiegend bei hohen Intensitäten).

Außerdem wird zu bestimmten Zeiten aus der bei einer Spindrehung erfaßten Zählratenmodulation der direktionale Teilchenfluß in Abhängigkeit vom Pitchwinkel errechnet. Die Rechnung berücksichtigt sowohl die Einbaugeometrie bezüglich des Erdmagnetfeldes als auch die durch die Drehung verursachten unterschiedlichen Meßzeiten in den Pitchwinkelbereichen. Die Rechnung wird im Kapitel 7.51 kurz skizziert.

Um die differentiellen Protonenspektren aus den Meßergebnissen der 16 Pulshöhenanalysatorstufen zu gewinnen, werden insgesamt etwa 480 Telemetrierahmen zusammengefaßt (ca. 25 sec) und durch die zugehörigen Kanalbreiten in keV dividiert. Die in die Darstellung der Meßergebnisse eingezeichneten senkrechten Fehlerbalken berücksichtigen die statistischen Schwankungen, die horizontalen geben die Kanalbreiten an.

6. Flug der Raketen X2 und X3

6.1 Startort und Flugverlauf

Je zwei des in den Abschnitten 2.1 bis 2.4 beschriebenen Experimentes Z3 wurden in 5 Raketennutzlasten eingebaut, von denen die Nutzlasten mit der projektinternen Bezeichnung X2 und X3 am 14. Februar 1970 während eines langsam variierenden Absorptionsereignisses gestartet wurden.

Die Raketen wurden vom norwegischen Startplatz Andenes, Andøya, geschossen, der im Zentrum der nördlichen Polarlichtzone liegt. Die geographischen und geomagnetischen Koordinaten von Andenes sind:

	geomagnetisch	geographisch
Breite	$67,5°$N	$69,3°$N
Länge	$113,9°$E	$16,1°$E

Für die Beurteilung einer geeigneten Startkondition waren an Bodenmessungen in Andenes verfügbar:

H-Komponente des Erdmagnetfeldes

Nordkomponente der erdmagnetischen Pulsationen

Absorption des kosmischen Radiorauschens, registriert mit einem Zenitriometer bei 27,6 MHz

Beobachtungen des Polarlichtes im Bereich der Raketenflugbahn mit einer Fernsehkamera hoher Empfindlichkeit.

Als am Morgen des 14. Februar 1970 gegen 03.00 UT die Absorption am Riometer in Andenes langsam zuzunehmen begann, wurde der Start für die beiden Raketen X2 und X3 freigegeben. Rakete X2 wurde um 03.26.19 UT in das Maximum des Absorptionsereignisses, Rakete X3 wegen technisch bedingter Verzögerung leider mit 1,5 Stunden Abstand (Benutzung eines einzigen Startgestells) erst in das Ende des Ereignisses um 05.01.50 UT geschossen.

Die Flugbahnen der Raketen sind in Abb. 20 wiedergegeben. X2 erreichte eine Gipfelhöhe von 210 km, X3 von 223 km. Mit einer Spinrate von 4,0 rps für X2 und 3,87 rps für X3 erreichten die Raketen eine Lagestabilisierung, die zu einem Winkel zwischen Spinachse und Erdmagnetfeld von $(18,7 \pm 0,5)^o$ im Falle von X2 und $(22,2 \pm 2,4)^o$ im Falle des Fluges X3 führte. Telemetriekontakt bestand vom Start an bis zur 422. Flugsekunde für beide Nutzlasten, die Absprengung des Nose-Cone erfolgte in der 48. Sekunde (X2)

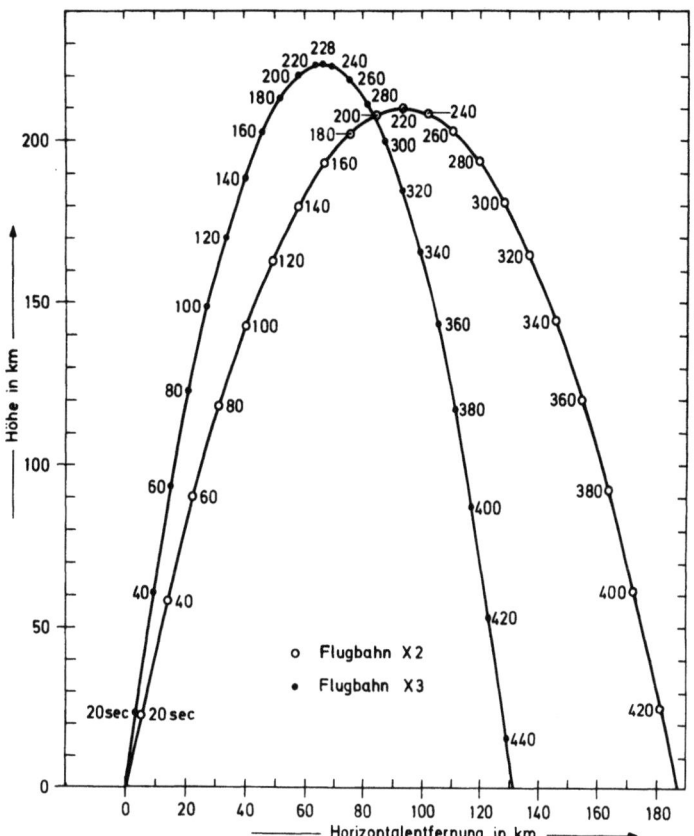

Abb. 20: Flugbahnen der Raketen X2 und X3

und 46. Sekunde (X3). Alle 4 Einheiten des Experimentes Z3 arbeiteten einwandfrei, lediglich Experiment Z3II in X3 wurde oberhalb 160 km durch Lichteinfall von der in diesen Höhen bereits aufgehenden Sonne zeitweilig gestört.

6.2 Charakterisierung des geophysikalischen Ereignisses anhand der Bodenbeobachtungen

Das Absorptionsereignis, in das die Raketen X2 und X3 gestartet wurden, trat während einer Periode von geringer geomagnetischer Aktivität auf (Ap = 10). Eine Übersicht über die Riometerabsorption gemessen in Andenes, Tromsø und Kiruna bei 27,6 MHz und über die Magnetfeldvariationen einiger Stationen der nördlichen Polarlichtzone ist in Abb. 21 dargestellt. Die zu 01.00 UT (Universalzeit) gehörige magnetische Lokalzeit (MLZ zentrische Dipolzeit, entnommen aus HONES et al. [1971]) ist für jede Station angegeben. Die beiden senkrechten gestrichelten Linien markieren die Startzeitpunkte der beiden Raketen X2 und X3.

Gegen 03.00 UT am 14.2. 1970 zeigen die Aufzeichnungen von Absorption und Magnetfeld etwa gleichzeitig das Einsetzen einer Störung, deren Ende in der Absorptionsregistrierung kurz nach 05.00 UT erreicht ist. In diesem Zeitraum steigt die Absorption im Bereich der skandinavischen Stationen im Verlaufe einer halben Stunde zunächst an, erreicht in Andenes ein Maximum von etwa 2,4 dB um 03.00 UT und fällt dann innerhalb weiterer 1,5 Stunden langsam wieder ab. Die skandinavischen Stationen befinden sich zu diesem Zeitpunkt im Morgensektor der Polarlichtzone. Registrierungen der Horizontalkomponente des Erdmagnetfeldes an den skandinavischen Stationen zeigen relativ geringe Aktivität. Narssarssuaq und Leirvogur dagegen liegen zu dieser Zeit noch im Mitternachtsbereich. Die in Narssarssuaq gemessene Variation des Erdfeldes ist das Bild einer baiartigen Störung von etwa 400γ in der Horizontalkomponente.

Das Erscheinungsbild dieses Ereignisses trägt die charakteristischen Merkmale von SVA-Ereignissen, so wie sie von BROWN [1964], ANSARI [1965], BEWERSDORFF et al. [1966], BEWERSDORFF et al. [1968] beschrieben wurden.

Unter Annahme eines als Linienstrom idealisierten polaren Elektrojets läßt sich aus der Störung der H- und Z-Komponente der Magnetfeldregistrierung von Tromsø schließen, daß der Elektrojet während des ganzen Ereignisses nördlich von Tromsø lag. Lediglich aufgrund der nordwärts gerichteten Komponente der Flugbahn bleibt die Möglichkeit offen, daß die erste Rakete auch mit dem Polarlichtoval assoziierte Teilchenausfällungen erfaßte.

Die in Kapitel 6.1 erwähnte Registrierung des Himmelsgebietes im Bereich der Raketenbahnen mit Hilfe einer hochempfindlichen Fernsehkamera zeigt im Falle der Rakete X 2 eine Polarlichstruktur, die aus mehreren nord-südlich weisenden schwachen Streifen besteht, die sich langsam nach Osten bewegten.

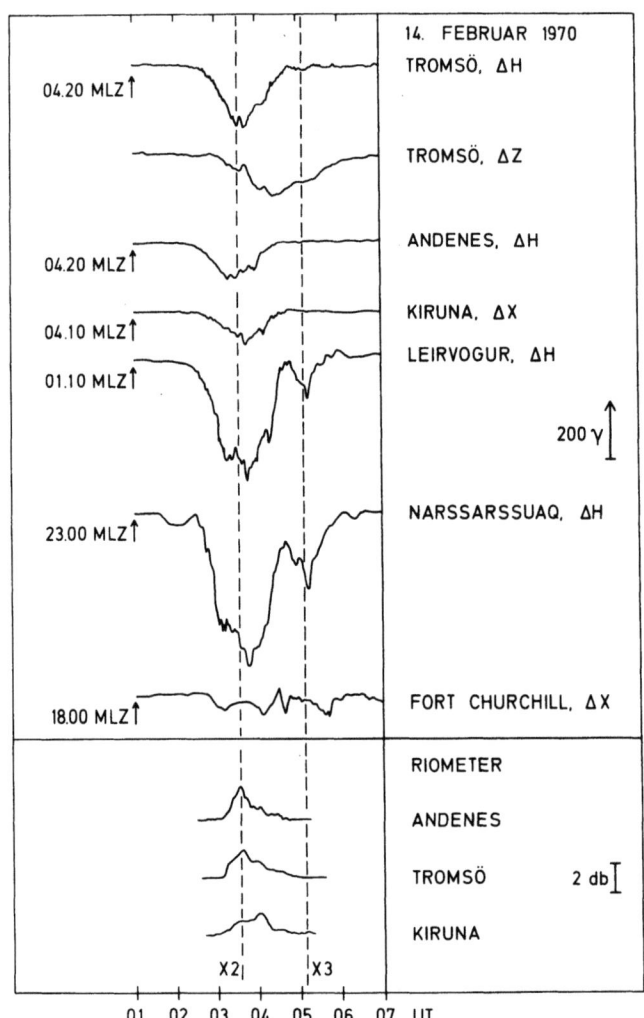

Abb. 21: Übersicht über einige Magnetogramme und Riometeraufzeichnungen von Stationen der nördlichen Polarlichtzone während des Teilsturmes am 14. Februar 1970.

7. Meßergebnisse und Diskussion

7.1 Integrale Intensitäten der Elektronen

Die während beider Flüge von den Experimenten Z 3I und Z 3II gemessenen Daten werden nach der in Kapitel 5 skizzierten Weise aufbereitet. In den Abbildungen 22 und 23 sind aus beiden Raketenflügen als Funktion der Flugzeit die integralen Flüsse für Elektronen in den Energiebereichen 25 - 150 keV (Kanal C 3), 45 - 150 keV (Kanal C 8) und größer 200 keV (Kanal C 7) wiedergegeben.

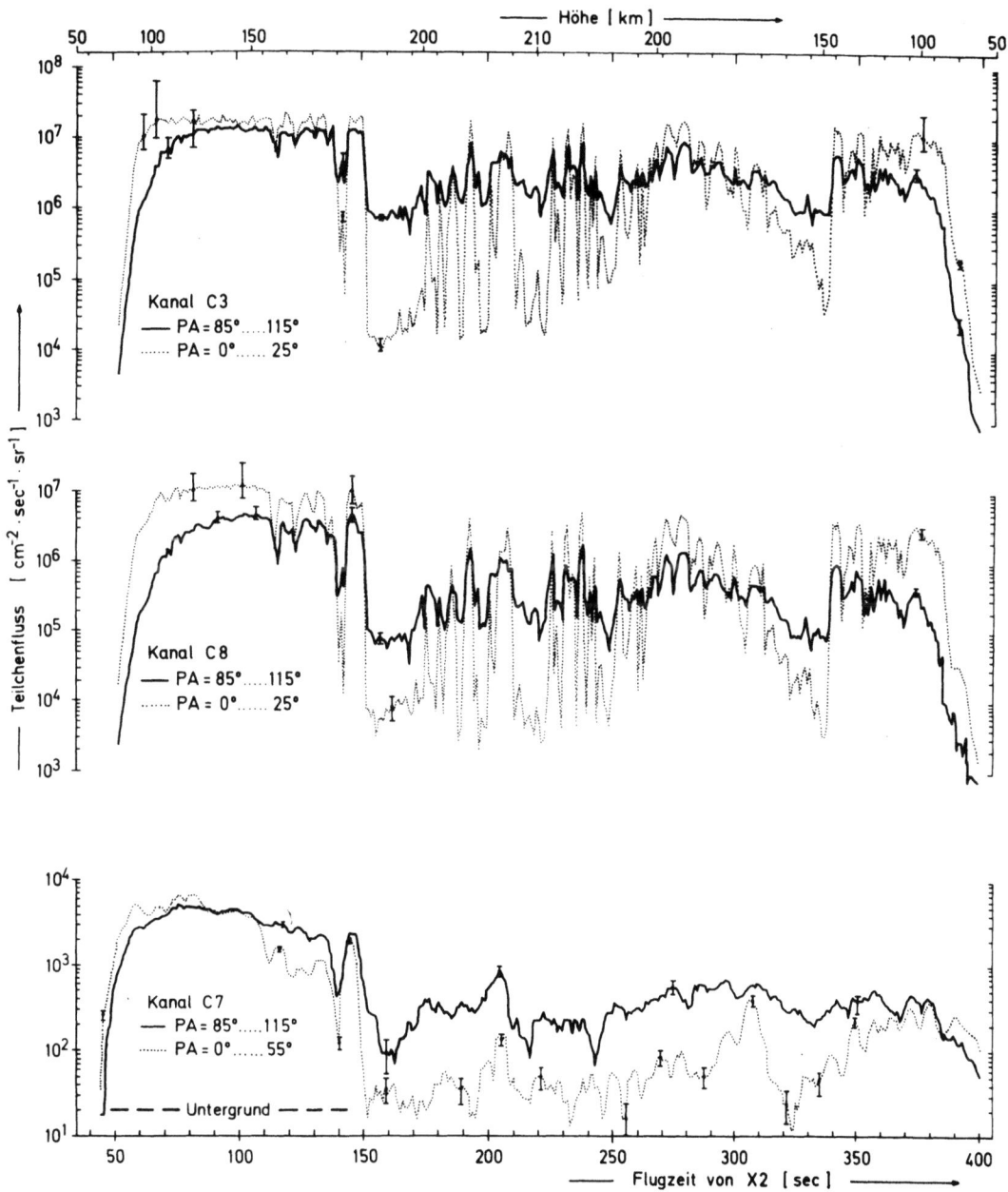

Abb. 22: Intensitätsverlauf der Elektronenflußdichten (Experiment Z 3) während Flug X 2 im Maximum des Absorptionsereignisses (Startzeit: 03.26.19 UT)
Kanal C 3: 25 - 150 keV   Kanal C 8: 45 - 150 keV   Kanal C 7: > 200 keV
PA: Pitchwinkel

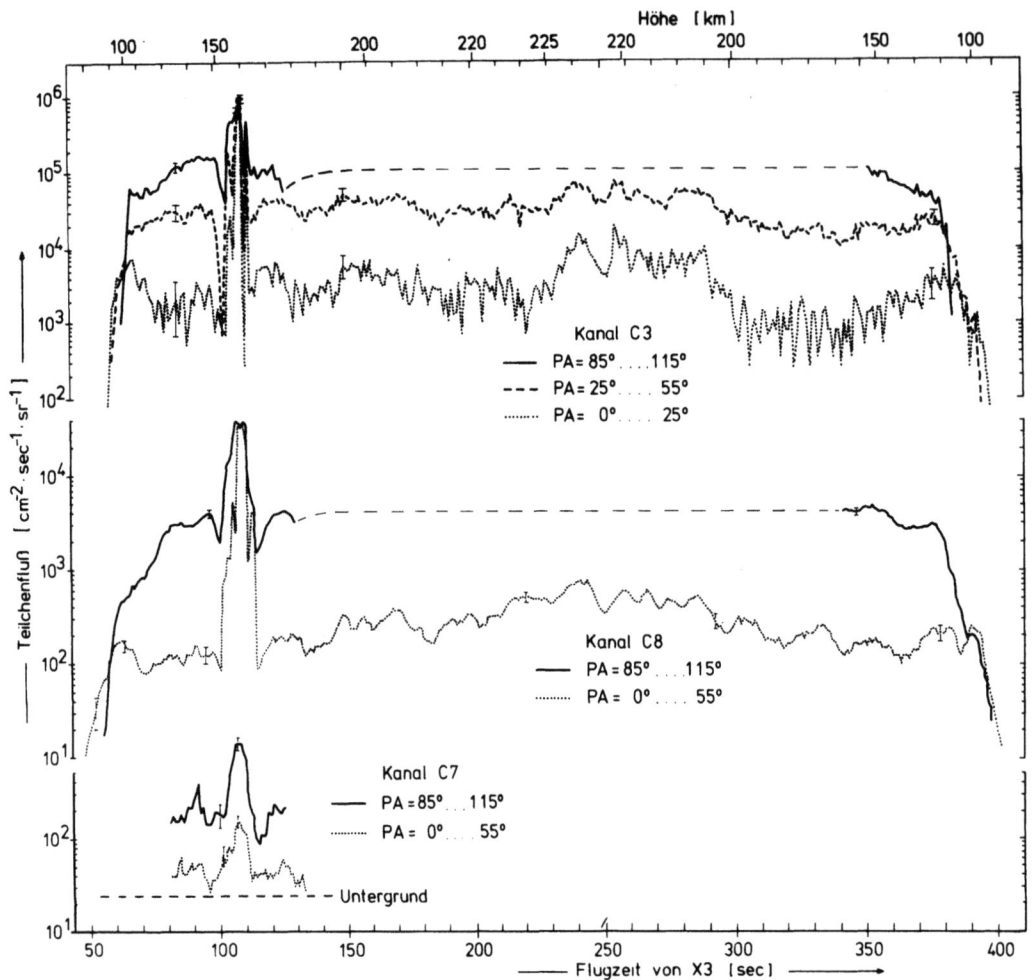

Abb. 23: Intensitätsverlauf der Elektronenflußdichten (Experiment Z 3) während Flug X 3 am Ende des Absorptionsereignisses (Startzeit: 05.01.50 UT) (Bezeichnungen siehe Abb. 22)

Der während des Fluges X 2 in Abb. 22 gemessene Intensitätsverlauf der beiden niederenergetischen Kanäle C 3 und C 8 läßt zwei verschiedene Zeitabschnitte mit deutlich voneinander unterschiedenen Intensitätsstrukturen erkennen:

Im ersten Teil des Fluges bis zur 150. Flugsekunde sind abgesehen von dem mit zunehmender Höhe abnehmenden Einfluß der Atmosphäre und einigen Intensitätseinbrüchen zwischen der 115. und 150. Sekunde in allen 3 Kanälen die Flüsse zeitlich relativ konstant[+] mit sehr hohen Intensitäten, die zu einer Sättigung im Kanal C 3 und C 8 führten (Flüsse größer $10^7/cm^2 sec\ sr$ für Elektronen mit E > 25 keV). Ein zweiter Bereich zeitlich nur sehr langsam verlaufender Änderungen beginnt etwa in der 310. Flugsekunde und ist lediglich durch einen Intensitätssprung in der 340. Sekunde unterbrochen.

[+] Mit dem Adjektiv "zeitlich" ist hier nur die Änderung mit der Raketenflugzeit, nicht die Abhängigkeit von UT angesprochen. Wegen der Ortsänderung der Rakete während der Messung ist eine echte zeitliche Änderung von einer räumlichen Änderung der Meßgröße nur mit zusätzlichen Messungen oder Annahmen möglich!

Zwischen diesen beiden Bereichen liegt eine Phase mit schnell veränderlicher Intensität (170 - 270 sec). In diesem Teil des Fluges zeigen die beiden Elektronenkanäle C 3 und C 8 Änderungen um mehr als eine Größenordnung in weniger als einer Sekunde. Bei den Elektronen mit Energien größer 200 keV (Kanal C 7) treten diese unterschiedlichen Zeitstrukturen nicht klar hervor. Der Grund hierfür liegt darin, daß zur Erreichung eines ausreichend kleinen statistischen Fehlers die gleitenden Mittel über jeweils 5 sec-Intervalle gebildet werden mußten. Eine Korrelation dieses Kanals mit den niederenergetischen Elektronen ist daher bei weitem nicht so eng wie zwischen den Kanälen C 3 und C 8 und liefert nur bei länger andauernden Intensitätsspitzen (z.B. zur 145. sec, 205. sec, 308. sec usw.) eine gute Übereinstimmung.

Wie im Kapitel 5.2 erläutert ist, werden für jeden Energiekanal die integralen Intensitätsverläufe nach verschiedenen Pitchwinkelbereichen aufgeschlüsselt. Die durchzogene Linie in Abb. 22 gilt für den Bereich $0^o - 25^o$ (Kanal C 3 und C 8) beziehungsweise $0^o - 55^o$ (Kanal C 7). Aus dieser Darstellung kann in grober Weise die Änderung der Pitchwinkelverteilung während des Fluges abgelesen werden: In dem Zeitraum schneller Intensitätsänderung zwischen der 170. und 270. Flugsekunde wechselt die Verteilung zwischen einer stark anisotropen Verteilung mit Maximum in der Nähe von 90° und einer über den oberen Halbraum isotropen Verteilung. Zur Zeit der relativ konstanten hohen Flüsse ist die Verteilung über längere Zeitspannen annähernd isotrop.

In einigen Intensitätsspitzen oder zu Zeiten sehr hoher Flüsse scheint der Fluß bei kleinen Pichwinkeln den Fluß bei 90° wesentlich zu übersteigen. Dazu aber ist es notwendig, zwei Einflüsse zu kennen, die eine solche Verteilung vortäuschen können.

Der endliche Öffnungswinkel der Experimente zusammen mit der Drehung der Rakete innerhalb des Meßintervalls führt zu einer Integration der direktionalen Teilchenflüsse. Da selbst bei der über den oberen Halbraum isotropen Flußverteilung die Teilchenflüsse oberhalb 90° mit zunehmendem Pitchwinkel stark abfallen, bewirkt die Integration, daß die zu Pitchwinkeln um 90° gehörenden Mittelwerte kleiner als die wirklichen direktionalen Flüsse bei 90° sind.

Da die Flüsse bei 90° Pitchwinkel nur in den Intensitätsspitzen von den Flüssen bei 0° Pitchwinkel übertroffen werden, hat die aus Kapitel 5.2 bekannte Totzeitkorrektur einen großen Einfluß auf das Verhältnis der Flüsse bei 0° und 90°. Wie in 2.3 bereits erwähnt, werden die Messungen in den beiden Pitchwinkelbereichen $0^o - 55^o$ und $85^o - 140^o$ von den zwei mechanisch wie elektrisch identischen Experimenten Z 3I und Z 3II vorgenommen. Eine geringfügige Abweichung in der Totzeit beider Experimente untereinander führt bei sehr hohen Zählraten zu Unsicherheiten in der Berechnung der wahren Teilchenflüsse.

Trotzdem zeigen die Analysen des Kapitels 7.5, daß solche Pitchwinkelverteilungen mit einem Überwiegen der Flüsse ausgefällter Elektronen in einigen Fällen außerhalb der obengenannten Unsicherheiten bestehen. Auf diese wird jedoch im Rahmen dieser Arbeit nicht eingegangen werden.

Unabhängig davon kann aus der Darstellung der energieintegralen Flüsse der Abb. 22 deutlich entnommen werden, daß sich der Teilchenfluß im Bereich um 90° verglichen mit dem Fluß bei 0° relativ wenig ändert, und daß sich beide Flüsse mit zunehmender Intensität einander nähern. Der Pitchwinkelbereich um 90° gegen den Magnetfeldvektor enthält die lokal spiegelnden Teilchen, er ergibt so ein Maß für den Anteil der stabil im Magnetfeld geführten Teilchen, während der Pitchwinkelbereich parallel zum Magnetfeld den Anteil der in die Erdatmosphäre eindringenden Teilchen, also den Anteil ausgefällter Teilchen enthält. Die wesentlich größere Konstanz der stabil geführten Teilchen und die Annäherung der Pitchwinkelverteilung an die Isotropie im oberen Halbraum bei Zunahme des Teilchenflusses läßt auf einen Prozeß schließen, bei dem aus einem Reservoir von vorübergehend stabil geführten Teilchen Elektronen ausgefällt werden, wie er von McDIARMID et al. [1967] und REASONER [1969] aus ähnlichen Beobachtungen abgeleitet wird.

Die Frage, ob die schnellen Intensitätsschwankungen zwischen der 170. und der 270. Flugsekunde echt zeitlicher Natur sind oder aber durch die Raketengeschwindigkeit oder eine Geschwindigkeit von bewegten Strukturen eine zeitliche Änderung vortäuschen, läßt sich nur für die ganz schnellen Intensitätsänderungen mit einiger Sicherheit beantworten. Während des Fluges von X 2 wurden eine ganze Reihe von Intensitätsänderungen um mehr als eine Größenordnung gemessen, die sich in einigen 100 msec vollzogen. Da die mittlere Geschwindigkeit der Rakete senkrecht zum Erdfeld im Mittel etwa 400 m/s betrug, erfolgten diese Änderungen in räumlichen Bereichen, deren Ausdehnung in der Größenordnung der Gyrationsradien von Elektronen im Energiebereich einiger zehn keV liegt. Sie werden daher als echt zeitlicher Art angesehen.

Demgegenüber geben die integralen Intensitäten aus dem Raketenflug X 3 (Abb. 23), der 1 1/2 Stunden nach X 2 am Ende des Absorptionsereignisses liegt, abgesehen von einigen aufeinanderfolgenden Intensitätsspitzen im Zeitraum 100. - 120. Flugsekunde ein gänzlich anderes Bild. Die Zählraten steigen mit zunehmender Höhe durch die abnehmende Absorptionswirkung der Atmosphäre zunächst stark an und erreichen in etwa 100 km Höhe Werte um $10^5/cm^2$ sec sr für Elektronen mit Energien zwischen 25 und 150 keV (Kanal C 3, Pitchwinkelbereich um $90°$) und einigen $10^3/cm^2$ sec sr für Energien 45 - 150 keV (C 8). Diese Werte ändern sich während der ganzen 6 Minuten Meßzeit (mit Ausnahme des vorgenannten Zeitraumes) bis zum Wiedereintritt in dichtere Luftschichten nur wenig und liegen etwa um eine Größenordnung unter den Minimalflüssen der spiegelnden Elektronen aus Flug X 2. Nur der Elektronenfluß oberhalb 200 keV (Kanal C 7) liegt in der gleichen Größenordnung wie während des 1. Fluges. In Abb. 23 ist für die niederenergetischen Elektronen 25 - 150 keV des Kanals C 3 zusätzlich der Fluß im Pitchwinkelbereich $25° - 55°$ angegeben, um den durch streifenden Sonneneinfall oberhalb 160 km Höhe gestörten Meßkanal im Pitchwinkelbereich um $90°$ zu ersetzen. (Es wurde keine Mühe darauf verwandt, die Daten aus dem gestörten Teil auszuwerten). Wegen der wesentlich kleineren Zählraten sind in Abb. 23 auch die Werte des Kanals C 8 über 5 Sekunden gleitend gemittelt.

Aus der Größe der Flüsse in den Pitchwinkelbereichen $0° - 25°$, $25° - 55°$ und $85° - 115°$ (beziehungsweise: $0° - 55°$, $85° - 115°$) läßt sich gut anschaulich das zeitliche Verhalten der zugehörigen Pitchwinkelverteilungen ablesen. Mit Ausnahme der Intensitätsspitzen sind die Verteilungen stark anisotrop mit Maximum bei $90°$ Pitchwinkel. Es findet also nur geringe Ausfällung von Elektronen statt, in Übereinstimmung mit der Tatsache, daß auch die vom Riometer (relative ionospheric opacity) angezeigte Absorption des kosmischen Radiorauschens fast auf den normalen Tageswert zurückgegangen ist (vgl. Abb. 21).

Die Intensitätsverteilung während des Fluges von X 2 (Abb. 22) zeigt für die beiden Energiekanäle $25 \leq E \leq 150$ keV und $45 \leq E \leq 150$ keV eine Abnahme der relativen Intensitätsänderungen mit abnehmender Energie. Diese Tendenz setzt sich bis zu Elektronenenergien im Bereich einiger keV fort, wie die in den Abbildungen 24 und 25 dargestellten Messungen des Experimentes Z 2 (niederenergetische Elektronen, SCHÜTZ et al. [1970]) während beider Flüge zeigen (SCHÜTZ, 1971, priv. Mitteilung). Jedoch ist ein genauerer Vergleich der Intensitätsänderungen zwischen den niederenergetischen Elektronen im keV-Bereich (Experiment Z 2) und im Bereich einiger zehn keV (Experiment Z 3) durch die niedrigen Zählraten im Channeltron Experiment Z 2 erschwert. Ein weiteres Merkmal der Elektronen mit Energien von einigen keV besteht darin, daß die Pitchwinkelverteilung der 1 und 3 keV-Elektronen in beiden Flügen isotrope Verteilungen innerhalb des Verlustkegels ergeben.

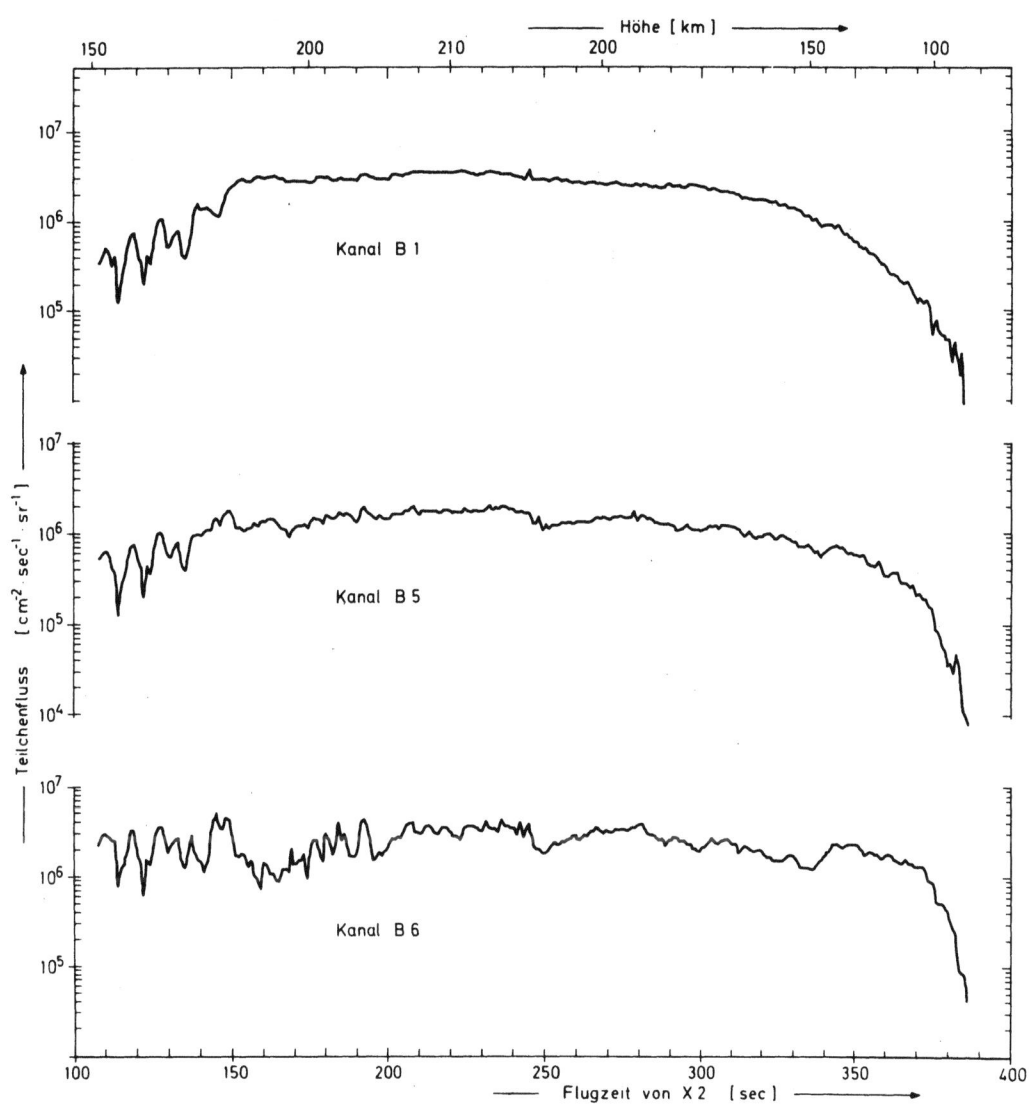

Abb. 24: Intensitätsverlauf niederenergetischer Elektronen (Experiment Z2, SCHÜTZ [1971] priv. Mitteilung) während Flug X2. Der statistische Fehler der Messung liegt in der Größenordnung der Schwankungen nach der 200. sec.
Es bedeuten:

Kanalbezeichnung	Elektronen im Energiebereich [keV]	Pitchwinkelbereich
B 1	0,9 - 1,1	5° - 40°
B 5	0,9 - 1,1	95° - 130°
B 6	2,7 - 3,3	95° - 130°

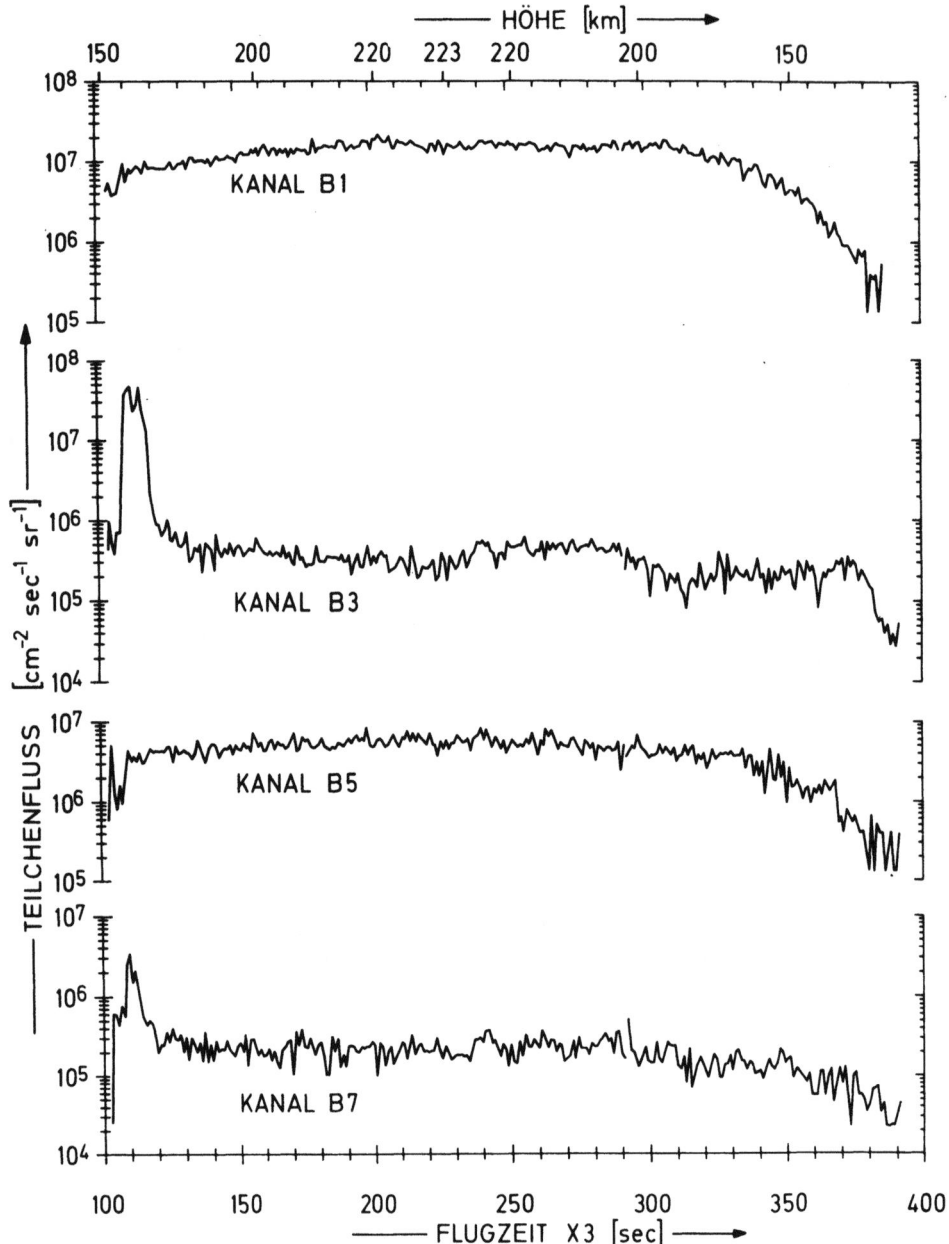

Abb. 25: Intensitätsverlauf niederenergetischer Elektronen (Experiment Z2, SCHÜTZ [1971], priv. Mitteilung) während Flug X3. Der statistische Fehler der Messung liegt in der Größenordnung der Schwankungen im Apogäum des Fluges. Es bedeuten:

Kanalbezeichnung	Elektronen im Energiebereich [keV]	Pitchwinkelbereich
B1	0,9 - 1,1	5° - 40°
B5	0,9 - 1,1	95° - 130°
B3	5,5 - 6,5	5° - 40°
B7	5,5 - 6,5	95° - 130°

7.2 Integrale Elektronenspektren

Aus den für die energieintegralen Flüsse der Abbildungen 22 und 23 über 1 sec (bzw. 5 sec) gemittelten Werte werden einige typische Spektren aus Flug X2 (Abb. 26) und Flug X3 (Abb. 27) ausgewählt.

Der Vergleich der Größenordnung der Flüsse des Kanals C 7 (Elektronen mit E > 200 keV) und des Kanals C 8 (Elektronen im Energiebereich $45 \geq E \geq 150$ keV) aus den Abbildungen 22 und 23 zeigt, daß im integralen Zählkanal C 7 die Flüsse um Größenordnungen kleiner sind als in den Kanälen C 3 und C 8. Die Spektren nehmen also mit wachsender Energie so stark ab, daß die von den Kanälen C 3 und C 8 gemessenen Werte ohne wesentlichen Fehler die energieintegralen Flüsse größer 25 keV beziehungsweise größer 45 keV angeben.

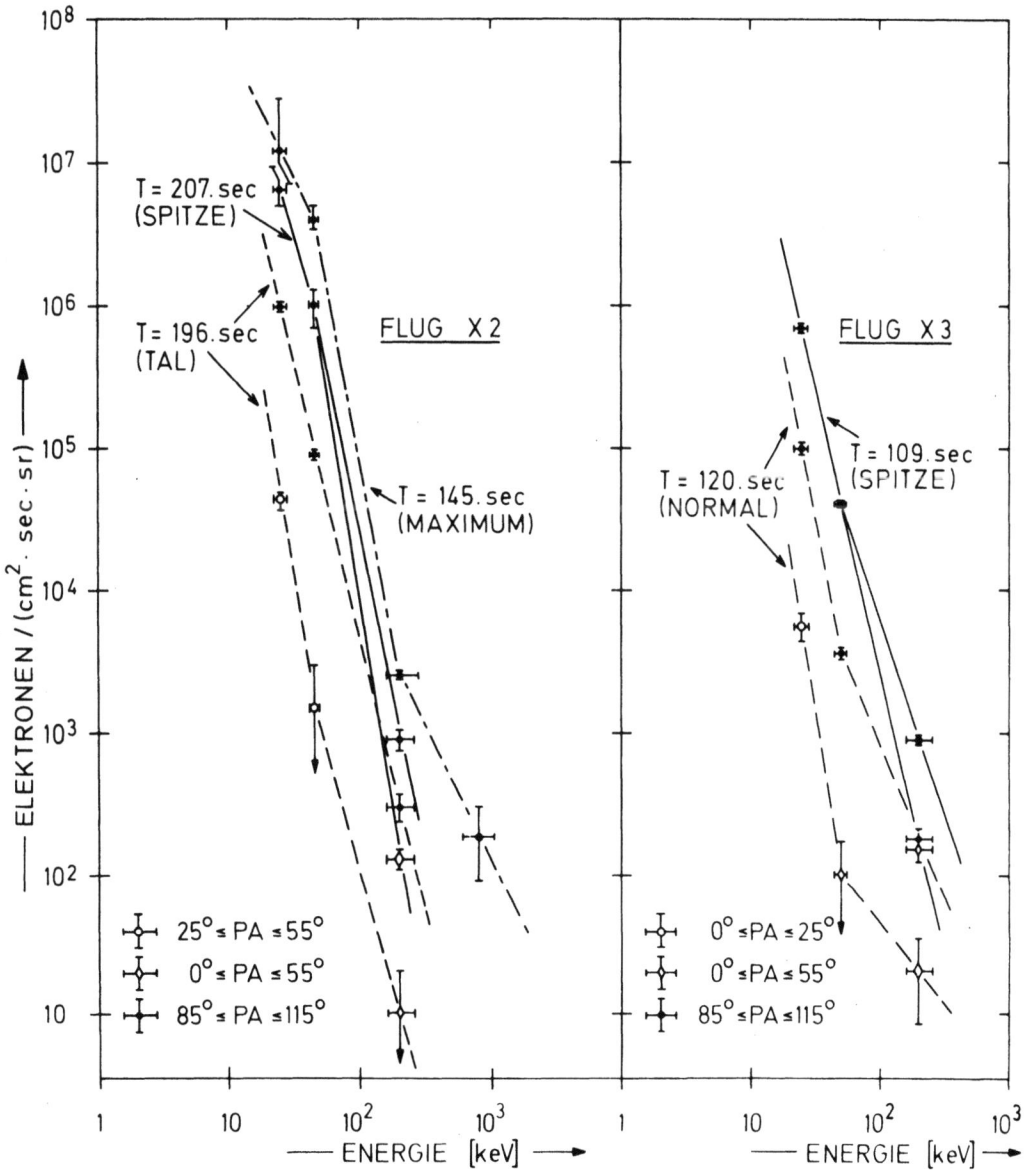

Abb. 26 und 27: Energieintegrale Elektronenspektren aus den Flügen X2 und X3 in verschiedenen Pitchwinkelbereichen (PA: Pitchwinkel).

Bei Flüssen oberhalb etwa 10^7 Elektronen/cm^2 sec sr sind die eingezeichneten senkrechten Fehlerbalken zum überwiegenden Teil systematische Fehler aus der Totzeitkorrektur (siehe 5.2). Bei Flüssen unterhalb von einigen 10^3 Elektronen/cm^2 sec sr für X2 und einigen 10^2 Elektronen/cm^2 sec sr für X3 im Meßkanal C8 sind die senkrechten Fehlerbalken systematische Fehler aus der Korrektur der miterfaßten Protonen (Kap. 2.1, 7.3). Alle übrigen Fehlerbalken entsprechen dem einfachen statistischen Fehler in den gemessenen Flüssen und der Unsicherheit der Energiebestimmung. In das Spektrum bei T = 145 sec von Flug X2 ist außerdem ein Meßpunkt bei E = 800 keV angegeben, der mit Hilfe des Kanals C6 gewonnen wurde (siehe Kap. 2.1, Tab. 1). Nach T = 150 sec bei X2 und während des ganzen Fluges von X3 wurden in diesem Kanal keine die Nullrate statistisch signifikant übersteigenden Zählraten gemessen.

Obwohl die genaue Form der Spektren vor allem im Energiebereich unter 100 keV sich aus den wenigen integralen Meßwerten nur grob entnehmen läßt, können einige allgemeine Merkmale aus einem Vergleich der Spektren abgeleitet werden. Im Maximum des Absorptionsereignisses, also während des Fluges X2, sind die Spektren unterhalb 100 keV wesentlich flacher als zu Ende des Ereignisses während der Messung mit Rakete X3. Zusammen mit der in der Zwischenzeit zwischen den Flügen erfolgten Abnahme der Flüsse um mehrere Größenordnungen ergibt sich ein Zusammenhang zwischen Intensität und spektraler Steilheit derart, daß die Steilheit mit zunehmender Intensität abnimmt. Diese Tendenz ist auch innerhalb eines Fluges beim Übergang von Intensitätsminimum zu Intensitätsspitze (z.B. T_{Tal} = 196 sec → T_{Spitze} = 207 sec, X2 und T_{Spitze} = 109 sec → T_{Tal} = 120 sec, X3) zu verfolgen.

Durch Approximation der gemessenen Spektren durch den Ansatz

$$\frac{dN}{dE} = J_o E^{-\gamma}$$

$$E = \text{Energie}$$

$$J_o = \text{Teilchenfluß bei } E = 1 \text{ keV}$$

läßt sich mit Hilfe der bekannten Ansprechwahrscheinlichkeiten (siehe Kap. 4.2) berechnen, welche Zählraten bei bestimmten J_o und γ auf die einzelnen Zählkanäle entfallen. Aus dem Quotienten der beiden niederenergetischen Kanäle kann die spektrale Steilheit zwischen 25 keV und 45 keV ermittelt werden. Das Ergebnis dieser Berechnung für die in Abb. 26 und 27 gezeigten Spektren ist in Tabelle 2 zusammengestellt.

Tabelle 2

Werte von γ für 2 Pitchwinkelbereiche bei Potenzspektren

	Flug X2		Flug X3	
Pitchwinkelbereich der	Spitze	Tal	Spitze	Tal
geführten Elektronen	4.0	5.0	5.9	6.5
ausgefällten Elektronen	4.0	6.7	5.9	6.7

7.3 Differentielle Protonenspektren

Aus der vom Protonenkanal C 1 des Experimentes Z 3I (Kap. 2.222) in 16 Amplitudenstufen übermittelten Information werden wegen der erforderlich statistischen Sicherheit durch Überlagerung von ca. 450 Einzelspektren (entsprechend einer Zeitdauer von 25 sec) differentielle Protonenspektren abgeleitet. Dabei wird keine Aufschlüsselung des Pitchwinkelbereiches $0°$ - $55°$ vorgenommen.

Wie in Kapitel 4. bereits erwähnt, werden die Protonenmessungen von energiereichen Elektronen gestört, wenn der Elektronenfluß in einem Bereich zwischen 200 und 300 keV in die Größenordnung des Protonenflusses kommt. Aus dem Verhältnis zwischen Elektronen und Protonen oberhalb 200 keV und dem Ansprechvermögen auf Elektronen, läßt sich dieser Einfluß abschätzen. Im Apogäum des Fluges X 2 beträgt das Verhältnis

$$\frac{\text{Elektronen} \ (E > 200 \ \text{keV})}{\text{Protonen} \ \ \ (E > 200 \ \text{keV})} = \frac{2 \cdot 10^2 (\text{cm}^{-2} \cdot \text{sec}^{-1} \ \text{sr}^{-1})}{1,2 \cdot 10^3 (\text{cm}^{-2} \cdot \text{sec}^{-1} \ \text{sr}^{-1})} \approx \frac{1}{6} \ .$$

Mit einem Ansprechvermögen auf 200 keV-Elektronen von ca. 6 % (Kap. 4.2) werden also etwa nur 1 % der gemessenen Ereignisse im Detektor nicht von Protonen ausgelöst.

Anders verhält es sich mit einer indirekten Einflußnahme niederenergetischer Elektronen. In den sehr hohen Elektronenflüssen während der Intensitätsspitzen (Flüsse oberhalb $10^7/\text{cm}^2$ sec sr) ist die Wahrscheinlichkeit groß, daß sich die im Detektor erzeugten Impulse von zwei oder mehreren sehr schnell aufeinanderfolgenden Elektronen zu einem einzigen Impuls wesentlich höherer Amplitude zusammensetzen. Durch diesen sogenannten "Pile-up Effekt" können Ereignisse mit einer wesentlich höheren Energieabgabe vorgetäuscht werden. Vom Experiment werden diese Ereignisse als Protonen identifiziert. Den Einfluß der Pile-up Effekte kann man deutlich aus den vom Experiment übermittelten Protonenspektren herauslesen: Sie führen zu einem Spektrum, bei dem das ungestörte Protonenspektrum unterhalb einer Energie von etwa 200 - 250 keV von einem zweiten wesentlich steilerem Spektrum überlagert ist. Daher wurden für die Auswertung der Protonenspektren nur solche Perioden ausgewählt, in denen Sättigungseffekte, verursacht durch die sehr hohen Elektronenraten, keinen Einfluß auf die Protonendaten ausüben konnten.

Basierend auf dem Atmosphärenmodell von HARRIS und PRIESTER [1964] ist von MOZER [1965] ein Vergleich des theoretisch zu erwartenden Energieverlustes von Protonen in der Erdatmosphäre mit den Messungen während eines Raketenaufstieges durchgeführt worden. Danach ist der Energieverlust von Protonen mit einer Anfangsenergie zwischen 150 und 400 keV mit einem Pitchwinkel von $70°$ oberhalb von etwa 140 km kleiner als 15 keV. Bei diesen Betrachtungen geht mit der Weglänge durch die Restatmosphäre über der Rakete der Pitchwinkel mit dem Sekans ein. Für ein Proton im Pitchwinkelbereich $0°$ - $55°$ wird daher die Anzahl der Wechselwirkungen geringer als für ein Proton mit $70°$ Pitchwinkel sein. Um den Einfluß der Atmosphäre sicher vernachlässigen zu können, wurden nur Spektren, die aus Höhen oberhalb 180 km Höhe stammen, ausgewertet. Für Flug X 2 ergeben sich so 10 differentielle Spektren, für den Flug X 3 wurde nur ein Spektrum berechnet, da über den gesamten Zeitraum (160 Sekunden), in dem die Rakete in Höhen oberhalb 190 km war, gemittelt werden mußte, um bei der um den Faktor 30 geringeren Intensität zu statistisch signifikanten Daten zu kommen.

Die Spektren aus beiden Flügen lassen sich recht gut durch einen Exponentialansatz der Form

$$\frac{dN}{dE} = N_o \ e^{-E/E_o}$$

annähern, wobei $\frac{dN}{dE}$ den differentiellen Fluß in $[\text{cm}^{-2} \cdot \text{sec}^{-1} \cdot \text{sr}^{-1} \cdot \text{keV}^{-1}]$ und E die Energie der Protonen in $[\text{keV}]$ bezeichnet.

N_o ist eine Konstante, E_o bildet ein Maß für die Steilheit des Spektrums in Einheiten der Energie. Der Wert von E_o ergibt sich nach der 150. sec von X2 zu etwa 60 keV und bleibt von da an konstant erhalten. Auch aus dem 1,5 Stunden später gemessenen Spektrum des Fluges X3 läßt sich in recht guter Näherung ein fast unveränderter Wert für E_o ablesen. Abb. 28 und 29 zeigen je ein Spektrum aus beiden Flügen für den Pitchwinkelbereich $0° - 55°$. Daten aus dem Experiment Z3II im Pitchwinkelbereich $85° - 140°$ wurden vor ihrer Auswertung nach Pitchwinkeln sortiert. Von den rund 14 Meßwerten einer Raketenspindrehung fallen etwa 40 % in den Pitchwinkelbereich $85° - 125°$. Zur Verringerung der statistischen Fehler ist es daher erforderlich, sowohl über einen langen Zeitraum (ca. 65 sec) zu ermitteln als auch anstelle von differentiellen zu integralen Spektren überzugehen.

Der Pitchwinkelbereich, der von den Experimenten Z3I und Z3II nicht erfaßt wird, wird von dem im Institut für Reine und Angewandte Kernphysik der Universität Kiel entwickelten Experiment Z1 überdeckt. Mit ihm werden nur Protonen im Energiebereich $0,13 \leq E \leq 8$ MeV gemessen, indem die Elektronen durch einen Magneten von den Sensoren weggelenkt werden. Seine Beschreibung befindet sich in RAETHJEN [1970]. Die Daten des Experimentes Z1 wurden über den gleichen Zeitraum gemittelt und ebenfalls

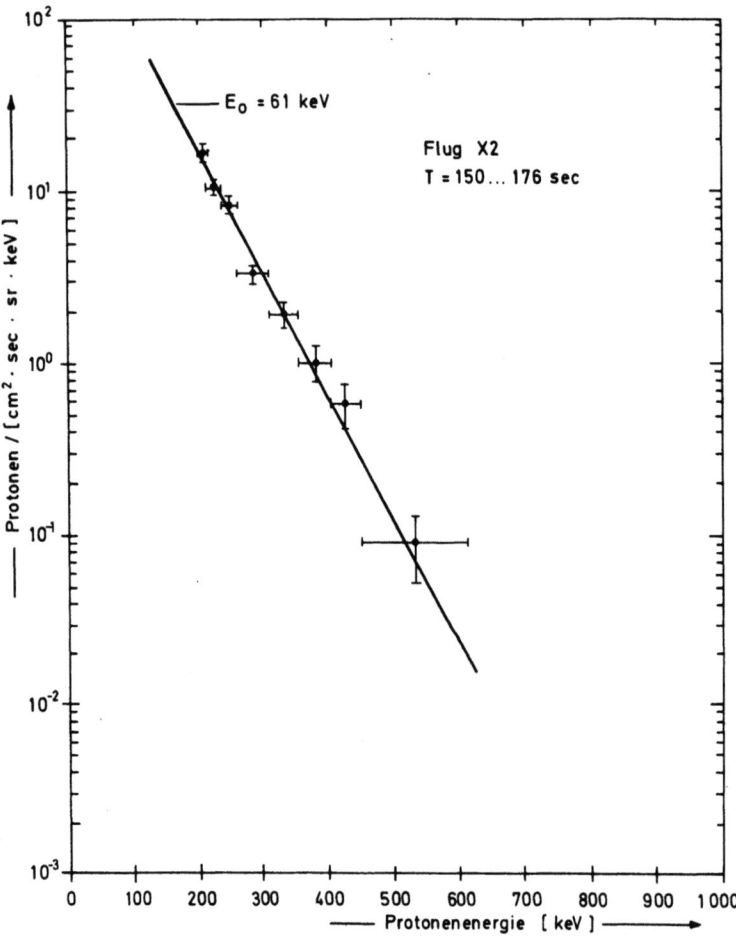

Abb. 28: Typisches Protonenspektrum aus Flug X2 im Pitchwinkelbereich $0° - 55°$.

7.3

als integrales Spektrum ausgewertet. (RAETHJEN [1971], private Mitteilung). Abb. 30 zeigt 3 Spektren aus den Pitchwinkelbereichen 0° - 55°, 40° - 95° und 85° - 125° für den Zeitraum T = 228 bis 295 sec aus Flug X2. Bei Energien unterhalb etwa 400 keV stimmen die Kurven beider im Verlustkegel gemessener Spektren vollständig überein. Die Protonen fallen also in diesem Energiebereich isotrop in die Atmosphäre ein. Die Intensitäten der gespiegelten Protonen im Pitchwinkelbereich 85° bis 125° liegen etwa um den Faktor 3 darunter, außerhalb des Verlustkegels fällt also die Pitchwinkelverteilung deutlich mit zunehmendem Winkel ab. Eine Isotropie der Pitchwinkelverteilung innerhalb des Verlustkegels für Protonen mit Energien oberhalb 135 keV während des Fluges von X2 wurde auch von RAETHJEN [1971] gefunden.

Die Abhängigkeit des Protonenspektrums vom Pitchwinkel für Flug X3 - also am Ende des Absorptionsereignisses - geht aus Abb. 31 hervor. In ihr sind die differentiellen Protonenspektren aus den beiden Pitchwinkelbereichen 0° - 55° (Experiment Z3I) und 40° - 95° (Experiment Z1, RAETHJEN [1971]) miteinander verglichen. Im Gegensatz zum Flug X2 im Maximum des SVA-Ereignisses ist hier der Protonenfluß bei den größeren Pitchwinkeln um etwa den Faktor 3 höher. Das bedeutet, daß bei X3 die Pitchwinkelverteilung der Protonen schwach anisotrop mit Maximum in der Nähe von 90° ist. Darüber hinaus läßt sich aus Abb. 31 eine gute Übereinstimmung der spektralen Steilheit für beide Pitchwinkelbereiche ablesen.

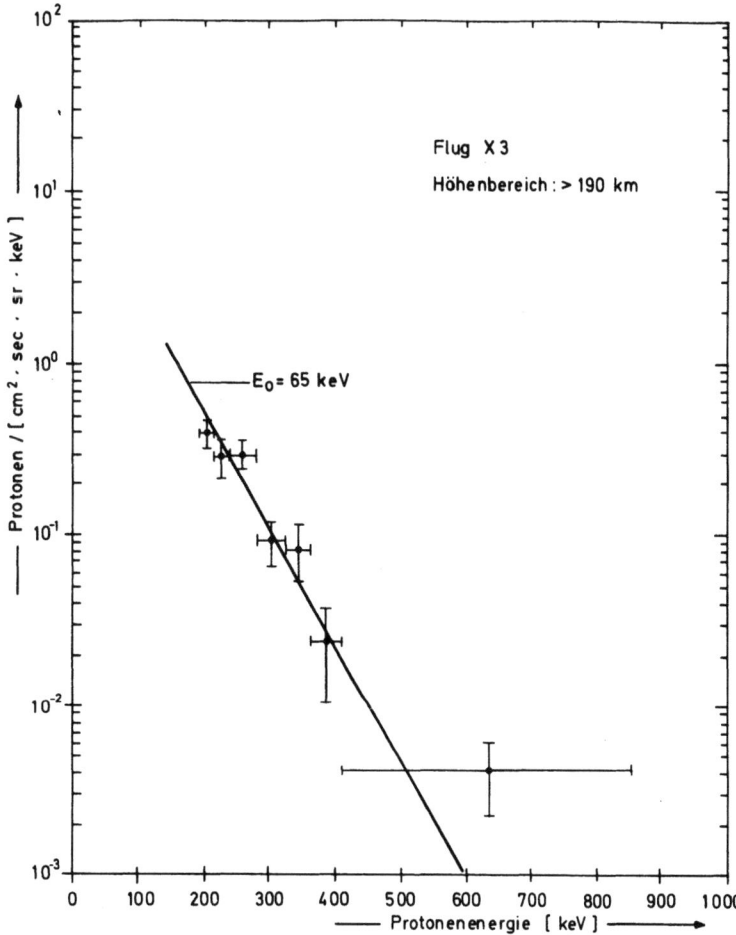

Abb. 29: Protonenspektrum aus Flug X3, im Pitchwinkelbereich 0° - 55°, das aufgrund der niedrigen Zählraten über den Zeitraum 150 ≤ t ≤ 310 sec (t = Flugzeit, Rakete in Höhen oberhalb 190 km) gemittelt wurde.

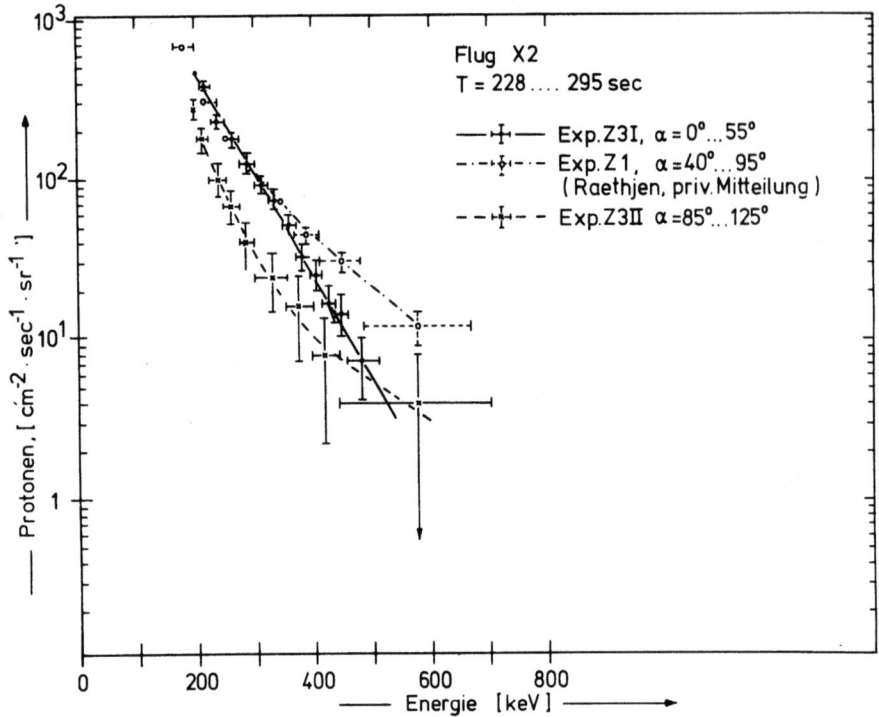

Abb. 30: Vergleich der Protonenspektren in verschiedenen Pitchwinkelbereichen während Flug X2

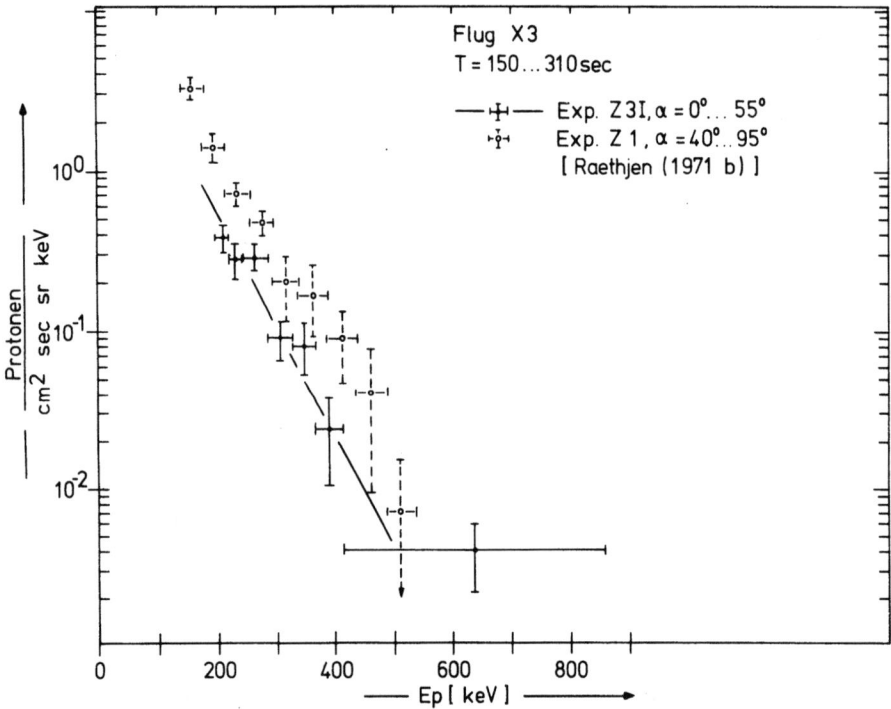

Abb. 31: Vergleich der Protonenspektren in verschiedenen Pitchwinkelbereichen während Flug X3

7.4 Vergleich mit anderen Raketenmessungen

7.41 Elektronen

Über Elektronenmessungen im Zusammenhang mit speziellen geophysikalischen Ereignissen in der Polarlichtzone gibt es eine Fülle von Veröffentlichungen.

In Abb. 32 ist eine Übersicht über einige Messungen der Energiespektren zusammengestellt. Außer Messungen, die unter vergleichbaren geophysikalischen Bedingungen, wie die während X2 und X3 herrschenden stattfanden, wurde zur Vervollständigung auch eine solche hinzugenommen, die aus dem Mitternachtsbereich stammt [MOZER und BRUSTON, 1966].

Die von LAMPTON [1968] angegebenen Elektronenmessungen wurden am lokalen Mittag über Ft. Churchill während eines zeitlich sehr stark strukturierten Röntgenstrahlungsausbruchs durchgeführt. CHASE [1968] berichtet über Elektronenspektren im Energiebereich $1 \leq E \leq 300$ keV, die am späten lokalen Morgen über Ft. Churchill (Kanada) gemessen wurden. Das Ereignis wird von ihm als "X-Ray Event" bezeichnet. Wie groß die Absorption des kosmischen Rauschens war, verursacht durch den Einfall der Elektronen, und welche geomagnetische Aktivität herrschte, berichtet er nicht. Zum besseren Vergleich sind seine differentiellen Spektren in integrale Spektren umgerechnet.

WILHELM et al. [1972] kennzeichnen das während zweier Raketenaufstiege herrschende Polarlichtereignis als "Slowly Varying Absorption Event" (SVA, langsam variierende Absorption). Die zwischen 6.00 und 8.00 Lokalzeit über Kiruna (Schweden) gemessenen Elektronen stehen im Zusammenhang mit einer bis auf 3 db ansteigenden Zunahme der Absorption des kosmischen Rauschens während schwacher geomagnetischer Störungen in Skandinavien. Gleichzeitig weisen die Autoren auf die große zeitliche Variabilität besonders der höherenergetischen Elektronen mit kleinen Pitchwinkeln hin. Auch in ihren Messungen findet sich eindeutig die Tendenz, daß die Spektren während der Zunahme in Intensitätsspitzen härter werden.

Eine weitere Messung des Spektrums von höherenergetischen Elektronen im Morgensektor der Polarlichtzone stammt von WAHLEN et al. [1971]. Die Rakete wurde von Ft. Churchill gegen 05.30 LT in eine typische "early morning pulsating aurora" geschossen. Während der Messung war die geomagnetische Aktivität kleiner als 40γ. Riometerabsorption wurde nicht beobachtet.

Abb. 32 gibt keineswegs eine erschöpfende Übersicht über alle in diesem Zusammenhang vergleichbaren Messungen von Elektronenspektren in der Polarlichtzone. Eine volständigere Zusammenfassung der bis 1969 erfolgten Raketenmessungen findet sich in PFITZER [1967] und WAHLEN und McDIARMID [1969].

Aus der Zusammenstellung der Spektren wird deutlich, wie groß die Variationsbreite der Elektronenspektren ist. Je nach Phase des geophysikalischen Ereignisses können die Intensitäten bei ein und derselben Energie um mehr als 4 Größenordnungen schwanken, teilweise in Zeitintervallen von einigen zehn Sekunden. Dafür sind die während der Flüge von Rakete X2 und X3 gefundenen Spektren typische Vertreter

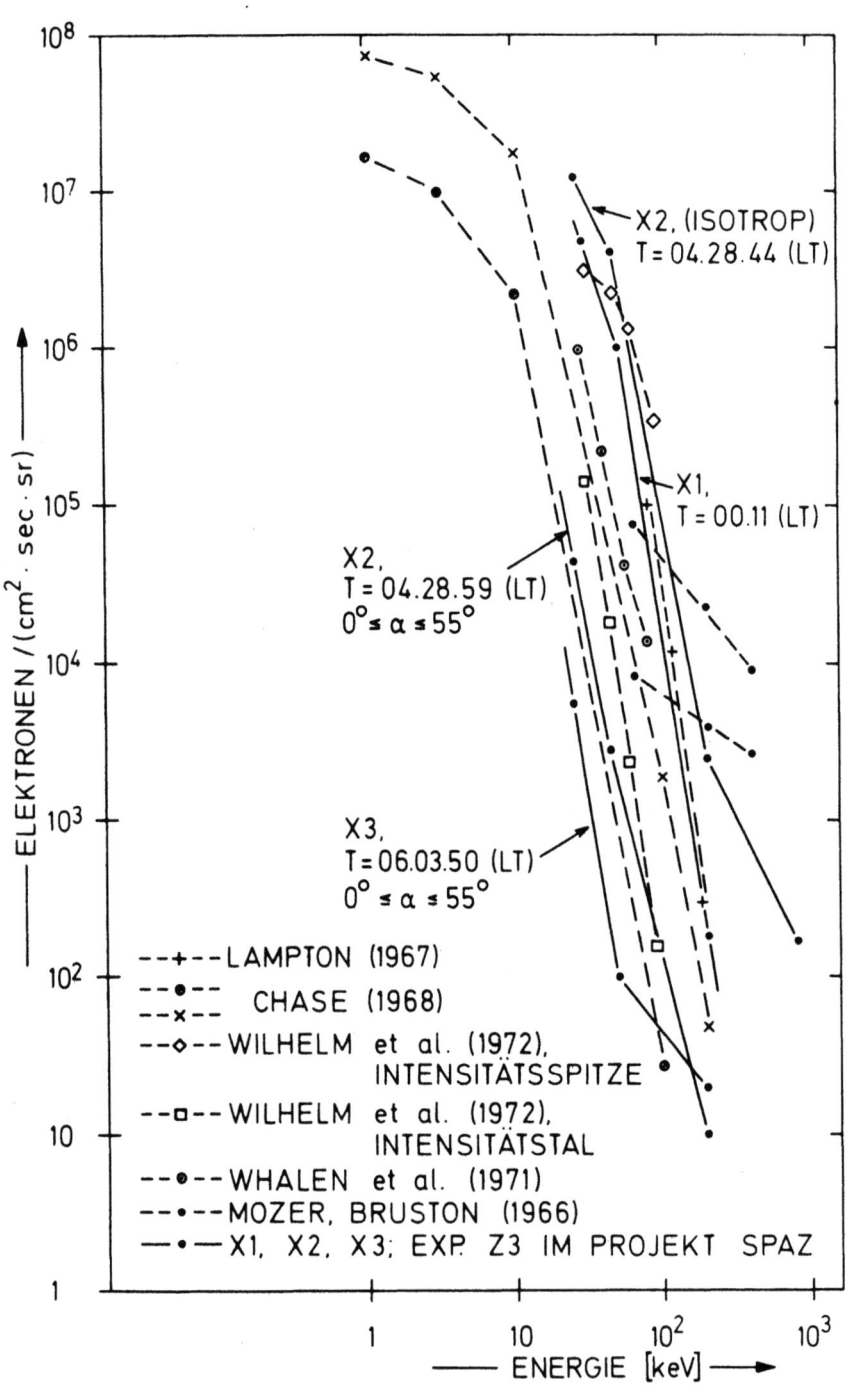

Abb. 32: Übersicht über einige Elektronenenergiespektren aus dem Mitternachts- und Morgensektor aufgrund von Raketenmessungen. (Die Messungen von CHASE [1968] wurden in integrale Werte umgerechnet). Rakete X1 im Projekt SPAZ wurde am 2. Febr. 1970 um 23.07.31 UT gestartet.

7.42 Protonen

Bei den bisher veröffentlichten Protonenmessungen konzentriert sich das Hauptinteresse auf den Mitternachtsbereich der Polarlichtzone. Im Morgensektor existieren für die Protonen im Bereich einiger 100 keV noch weniger Messungen als bei den Elektronen. In Abb. 33 werden sie zusammen mit Messungen um Lokalmitternacht mit den Ergebnissen des Experimentes Z3 verglichen.

Eine der ersten Messungen am lokalen Morgen wurde von McDIARMID et al. [1961] unternommen. In einem einzigen integralen Meßkanal wurden Protonen mit Energien oberhalb von 500 keV um 6.30 LT über Ft. Churchill während 3,8 db Absorption am Riometer und einer Abnahme der Horizontalkomponente von 800 γ gemessen.

SÖRAAS und TRUMPY [1966] untersuchten anhand ihrer Daten die Frage, welchen Anteil Protonen mit Energien oberhalb 100 keV an der Absorption des kosmischen Rauschens haben. Ihre Messung wurde gegen 03.40 Lokalzeit (LT) während 1,2 db Absorption und schwacher geomagnetischer Aktivität über Andenes (Norwegen) gemacht. Wegen der geringen Gipfelhöhe ihrer Nutzlast (130 km) geben sie atmosphärisch korrigierte Protonenspektren an. Die Pitchwinkelverteilung, die sich aus ihren Messungen ableitet, ist anisotrop mit Maximum bei 90°. Die am Riometer gemessene Absorption kann mit den vorhandenen Protonenraten nicht erklärt werden.

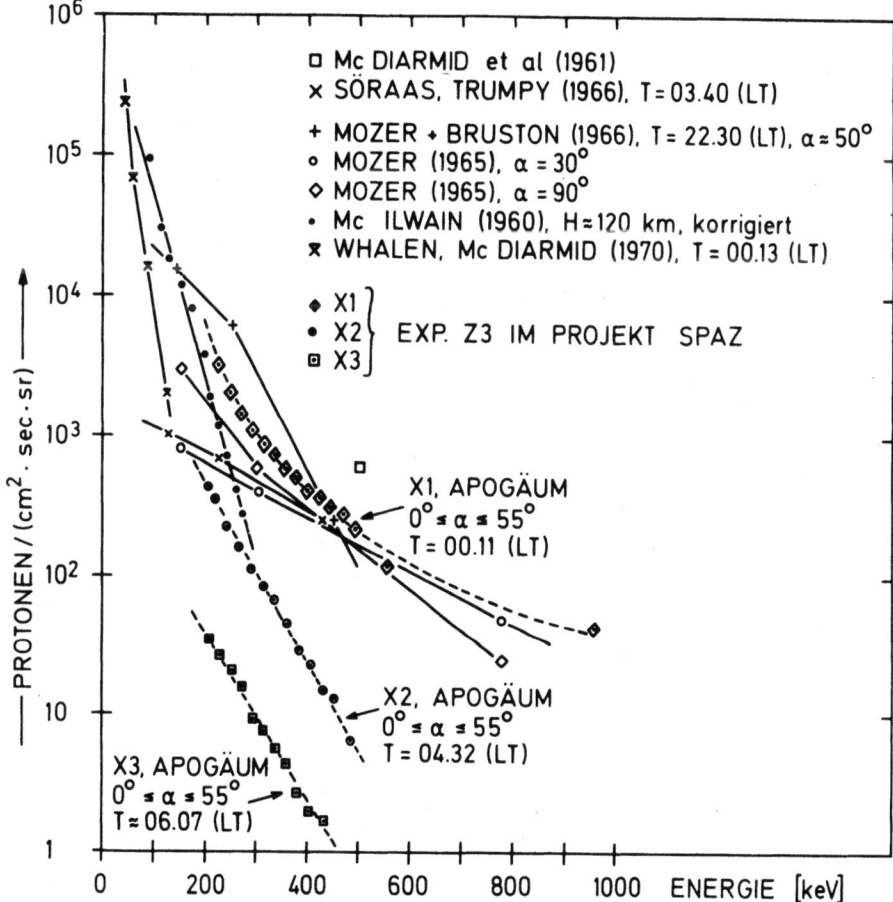

Abb. 33: Zusammenstellung einiger Protonenspektren, die unter Einsatz von Raketen in der Polarlichtzone gewonnen wurden. (Die Messungen des Experimentes Z3 aus dem Projekt SPAZ wurden für diese Übersicht in integrale Werte umgerechnet).

Aus den Messungen um Mitternacht werden die folgenden ausgewählt: Von McILLWAIN [1960] stammt eine frühe Messung der Protonen während eines schwachen Polarlichtglühens über Ft. Churchill. Der Start erfolgte eine halbe Stunde nach Lokalmitternacht. Wegen der geringen Gipfelhöhe wurden die Spektren auf atmosphärische Absorption korrigiert. Protonenspektren während der Break-up-Phase eines Polarlichts um 22.30 LT wurden von MOZER und BRUSTON [1966] über der Südküste von Island gemessen. Ebenfalls über Island um 00.00 LT wurden von MOZER [1965] Protonenmessungen berichtet, die vermutlich auch aus einer Break-up-Phase eines Polarlichtes stammen. WHALEN und McDIARMID [1970] berichten von Protonenmessungen um 00.13 LT, die in einer Post-break-up-Phase während eines weitausgedehnten diffusen Polarlichtglühens bei weniger als 1 db Absorption am Riometer gemacht wurden.

Im Gegensatz zu den Elektronen sind die in der Polarlichtzone beobachteten hochenergetischen Protonen keinen so schnellen Intensitätsänderungen unterworfen. Aber auch bei den Protonen verändern sich die Intensitäten von Ereignis zu Ereignis um mehrere Größenordnungen. Abb. 33 macht außerdem einen Unterschied zwischen den Spektren im Mitternachts- und Morgenbereich deutlich: Während die Spektren um Mitternacht mit zunehmender Energie flacher werden, zeigen die Messungen im Morgenbereich (X2, X3) eindeutig das Fehlen höherenergetischer Protonen.

7.5 Pitchwinkelverteilungen der Elektronen

Die in 7.1 mehr qualitativ besprochenen Pitchwinkelverteilungen sollen nun durch einige quantitative Ergebnisse vertieft werden.

Da sowohl die endliche Apertur des Experimentes als auch die während eines Meßintervalls stattfindende Spindrehung die Integration des direktionalen Teilchenflusses über ein Pitchwinkelintervall bewirken, muß aus der gemessenen Abhängigkeit der Intensität von der Phase des Spinwinkels auf die Pitchwinkelverteilung geschlossen werden. Die Zuordnung eines bestimmten Raketendrehwinkels zu dem zugehörigen Winkel zwischen der Experimentsensorachse und dem Magnetfeld geschieht dabei unter Zuhilfenahme der Magnetometerdaten (Experiment Z5, Abb. 10).

7.51 Berechnung des direktionalen Teilchenflusses als Funktion des Pitchwinkels

Mit einer von RICHTER [1972] angegebenen Matrixmethode wird von der gemessenen Zählrate als Funktion des Drehwinkels der Rakete auf die Richtungsverteilung der Teilchen als Funktion des Pitchwinkels geschlossen. Dazu ist es erforderlich, folgende Größen zu berücksichtigen:

Neben den geometrischen Daten, wie Einbauwinkel des Experiments bezüglich Spinachse und Magnetometer und der relativen Lage des Erdmagnetfeldes zur Spinachse während des Fluges, muß auch die Richtungsempfindlichkeit des Experimentes in die Rechnungen einbezogen werden.

Bei dem Verfahren wird zunächst der umgekehrte Weg beschritten, aus einer vorgegebenen durch Parameter I_ν, $\nu = 1, 2, \ldots n$ dargestellten Pitchwinkelverteilung die von dem Experiment zu erwartenden Zählraten N_ν, $\nu = 1, 2, \ldots, n$ abzuleiten. Dabei werden die Parameter N_ν und I_ν als Mittelwerte verstanden. N_ν ist die Zahl der während einer Zeit t registrierten Teilchen, in der sich die Rakete um den Winkel $\Delta\Psi$ von Ψ_ν nach $\Psi_{\nu+1}$ gedreht hat:

Mit den Größen

$I(\varphi, \vartheta)$: direktionaler Teilchenfluß $[\text{cm}^{-2} \text{sec}^{-1} \text{sr}^{-1}]$ aus der Richtung (φ, ϑ)

φ, ϑ : sphärische Koordinaten, fest bezüglich Spinachse und Magnetfeldvektor

$\varepsilon(\lambda, \vartheta)$: richtungsabhängige Empfindlichkeit des Experimentes

λ, ϑ : sphärische Koordinaten, raketenfest

T : Spinperiode

Θ : Pitchwinkel

$d\omega$: Raumwinkelelement = $\cos\vartheta \cdot d\vartheta \, d\varphi$

Ω_μ : Raumwinkel des Pitchwinkelintervalles $\Theta_\mu \leq \Theta \leq \Theta_{\mu+1}$

erhält man

$$\Delta N = \Delta t \int_0^{2\pi} \int_{-\pi/2}^{\pi/2} I(\varphi, \vartheta) \cdot \varepsilon(\lambda, \vartheta) \cos\vartheta \, d\vartheta \, d\varphi \tag{1}$$

und weiter

$$N_\nu = \frac{T}{2\pi} \int_{4\pi} I(\varphi, \vartheta) \cdot S_\nu(\varphi, \vartheta) \, d\omega, \quad \nu = 1, 2, \ldots, n \tag{2}$$

wobei $S_\nu(\varphi, \vartheta)$ die integrale Empfindlichkeit im Drehwinkelintervall Ψ_ν bis $\Psi_{\nu+1}$ bezeichnet. Entsprechend erhält man die Parameter I_μ als Mittelwerte aus den Raumwinkelintervallen $(\Theta_\mu, \Theta_{\mu+1})$, also

$$I_\mu = \frac{1}{\Omega_\mu} \int_{\Omega_\mu} I(\Theta) \, d\omega, \quad \mu = 1, 2, \ldots, n \tag{3}$$

Damit läßt sich Gleichung (2) in der Form schreiben

$$N_\nu = \frac{T}{2\pi} \sum_{\mu=1}^n I_\mu \int_{\Omega_\mu} S_\nu(\varphi, \vartheta) \, d\omega \, ; \quad \nu = 1, 2, \ldots, n \tag{4}$$

oder in Matrixform abgekürzt:

$$N_\nu = \sum_{\mu=1}^n M_{\nu\mu} \cdot I_\mu \, ; \quad \nu = 1, 2, \ldots, n.$$

Das ursprüngliche Problem, aus einer gemessenen Zählrate den zu einem Pitchwinkelbereich gehörigen direktionalen Teilchenfluß zu bestimmen, wird gelöst, indem mit der zu $M_{\nu\mu}$ inversen Matrix $A_{\nu\mu}$ und den gemessenen Zählraten N_ν der direktionale Teilchenfluß bestimmt wird:

$$I_\nu = \sum_{\mu=1}^n A_{\nu\mu} \cdot N_\nu \, ; \quad \nu = 1, 2, \ldots, n \tag{5}$$

Die Genauigkeit, mit der man auf eine vorhandene Pitchwinkelverteilung schließen kann, wird bei einer ausreichend häufigen Abfrage der Zählraten während einer Spindrehung näherungsweise nur von dem Verhältnis des gesamten vom Experiment "gesehenen" Pitchwinkelintervalles zu dem Pitchwinkelbereich, der dem Öffnungswinkel des Experimentes entspricht, bestimmt. Im vorliegenden Fall wurden die Daten einer halben Spindrehung (entsprechend einem Durchlauf durch den Pitchwinkelbereich) in n = 5 Sektoren unterteilt. Je nach Größe der gemessenen Pulsraten wurden die Meßdaten von einer oder von mehreren Spindrehungen benutzt, um den statistischen Fehler möglichst gering zu halten. Der Gesamtfehler berechnet sich als das geometrische Mittel der bei der Matritzenrechnung auftretenden Einzelfehler aus den statistischen Unsicherheiten der Meßdaten. Von den 5 Parametern I_ν, $\nu = 1, 2, \ldots, 5$ des berechneten direktionalen Teilchenflusses sind nur die mittleren 3 Werte genügend genau. Damit werden von beiden Experimenten 6 Stützpunkte der errechneten Verteilung und zwar bei den Werten $0°$, $23°$, $45°$ (Z 3 I) und $90°$, $113°$, $135°$ (Z 3 II) für je ein Pitchwinkelintervall von $22,5°$ Breite geliefert.

Anhand der Magnetometerdaten werden die jeweils etwa 13 Meßwerte, die zu einer Spindrehung gehören, aufgesucht und - bei niedrigen Zählraten - phasenrichtig den Daten aus der folgenden Spindrehung überlagert. Daran anschließend werden die Werte geglättet und die Mittelwerte in den 5 Sektoren gebildet.

Für die Berechnungen der Pitchwinkelverteilungen ist es natürlich eine notwendige Voraussetzung, daß die Teilchenflüsse zeitlich konstant sind. Das bedeutet, daß zumindest für die Dauer eines Durchlaufes durch den gesamten Pitchwinkelbereich (etwa 150 msec) weder räumliche Änderungen noch rein zeitliche Änderungen neben der Modulation der Zählraten mit dem Pitchwinkel auftreten. Intensitätsänderungen innerhalb des Meßintervalles führen zu verfälschten oder unsinnigen Pitchwinkelverteilungen. Da während der beiden Flüge X 2 und X 3 solche Intensitätsänderungen innerhalb Zeiten bis herunter zu einigen zehn Millisekunden zu beobachten sind (siehe 7.1), können derart fehlerhafte Verteilungen bei einer automatischen Auswertung auftreten. Sie werden nachträglich durch eine Überprüfung der Rohwerte erkannt und von der weiteren Auswertung ausgeschlossen.

7.52 Übersicht über typische Pitchwinkelverteilungen von Elektronen in verschiedenen Energiebereichen während der Flüge

Die Zählraten der beiden niederenergetischen Elektronenkanäle C 3 und C 8 (E > 25 keV und E > 45 keV) sind hoch genug, so daß Pitchwinkelverteilungen aus einer einzigen Umdrehung der Rakete berechnet werden können. Aus der Fülle der so erhaltenen Einzelverteilungen werden in diesem Abschnitt typische Verteilungen herausgenommen, eine Aussage aus allen berechneten Verteilungen wird im nächsten Abschnitt anhand eines statistischen Bildes gezogen werden. Die Zählraten in dem Elektronenkanal C 7 (E > 200 keV) sind zu niedrig, um schon aus einer einzigen Spindrehung die Pitchwinkelverteilung genügend genau zu errechnen. Sie werden erst über jeweils 5 sec gemittelt ($\approx$ 20 Spindrehungen der Rakete). Für jeden der 3 Energiebereiche sind in Abb. 34 typische Pitchwinkelverteilungen wiedergegeben, die den Dynamikbereich der während X 2 vorhandenen Änderungen im direktionalen Teilchenfluß veranschaulichen. Die 3 Beispiele der beiden Energiebereiche E > 25 keV (a) und E > 45 keV (b) stellen verschiedene Stadien beim Übergang von einem Intensitätstal in eine Intensitätsspitze dar. Der mit der Zunahme des Flusses von ausfallenden Elektronen verbundene Übergang von einer im oberen Halbraum stark anisotropen zu einer isotropen Verteilung ist ein charakteristisches Merkmal der Elektronenausfällung im Energiebereich einiger 10 keV [REASONER, 1969; COURTIER et al. 1971]. Ebenso ist die kurze Zeitspanne von etwa 2 sec, die für den Wechsel zwischen anisotroper und isotroper Pitchwinkelverteilung benötigt wird, für die meisten der während der Flüge X 2 und X 3 beobachteten Intensitätsspitzen repräsentativ. Die Beispiele für den hochenergetischen Energiebereich mit Energien größer 200 keV (c) zeigen grundsätzlich gleiches Verhalten wie die Elektronen niedrigerer Energien. Allerdings ist hier die Ausfällung nicht so impulsiv, und nur in der ersten Phase des Fluges X 2 (bis zur 110. sec, Abb. 22) wird die Isotropie erreicht. Ein Vergleich der zeitlichen Aufeinanderfolge der Änderungen in der Pitchwinkelverteilung scheint für Elektronen mit Energien größer 25 keV und größer 45 keV keine grundlegenden Unterschiede zu erbringen. Bei beiden Kanälen geschieht die Annäherung an die Isotropie eng miteinander gekoppelt bei Zunahme der Intensität. Erst der Vergleich mit den hohen Energien größer 200 keV zeigt keine so enge Kopplung mehr.

Durch die gestrichelte, senkrechte Linie in Abb. 34 ist die Größe des sogenannten lokalen Verlustkegels angedeutet. Teilchen, deren Pitchwinkel innerhalb dieses Kegels liegen, dringen so tief in die Atmosphäre ein, ehe sie vom Magnetfeld gespiegelt werden, daß die Wahrscheinlichkeit sehr groß ist, in Wechselwirkung mit den Bestandteilen der Atmosphäre absorbiert zu werden. Teilchen mit Pitchwinkeln außerhalb dieses Kegels werden oberhalb der Atmosphäre gespiegelt und verbleiben bei Abwesenheit von Störungen für die Dauer einiger Bounce-Perioden [+] innerhalb ihrer Feldröhre. Als kritische Höhe für den Verlust in der Atmosphäre ist eine Höhe von 100 km angemessen. Aus dem adiabatischen Bewegungsgesetz für geladene Teilchen in einem inhomogenen Magnetfeld

$$\frac{B_1}{\sin^2 \theta_1} = \frac{B_2}{\sin^2 \theta_2}$$

B_1, B_2 : Feldstärke am Ort 1 und 2

$\theta_{1,2}$: Pitchwinkel eines Teilchens an diesen Orten

und der Kenntnis der Feldstärken läßt sich die Größe des lokalen Verlustkegels errechnen. Er beträgt definitionsgemäß in 100 km $90°$ und nimmt zum Apogäum der Flüge X2 und X3 bis auf $78°$ ab.

Die Signifikanz obiger Beispiele in statistischer Hinsicht soll im folgenden Abschnitt geprüft werden.

7.53 Statistische Analyse der Pitchwinkelverteilungen

Bei der Auswahl der Pitchwinkelverteilungen für eine statistische Übersicht, aus der sich mit größerer Sicherheit die charakteristischen Merkmale der wirkenden Prozesse ablesen lassen, seien folgende Einschränkungen berücksichtigt:

Einmal schließen die bereits erwähnten kurzzeitigen Intensitätsänderungen eine ganze Reihe von Durchläufen durch den Pitchwinkelbereich von der Auswertung aus.

Zum anderen ist der Einfluß der Atmosphäre in niedrigen Höhen so stark, daß die Pitchwinkelverteilungen aus X2 und X3 während der Auf- und Abstiegsphase in dichteren Schichten der Luft (Abb. 35) deutlich von den in Abb. 34 ausgewählten Beispielen unterschieden sind: Unabhängig von der Größe der nach der Absorption vorhandenen Intensität (Änderungen um mehrere Größenordnungen) ist die Verteilung niemals anisotrop in dem Sinn, daß bei Pitchwinkeln um $90°$ ein Maximum beobachtet wurde. Bei Pitchwinkeln größer $90°$ nimmt der direktionale Teilchenfluß in Abb. 34 sehr schnell mit zunehmendem Winkel ab, bei den Verteilungen der Abb. 35 innerhalb der Atmosphäre nimmt der Fluß oberhalb $90°$ nur langsam mit dem Winkel, verursacht durch die starke Streuung der Elektronen, ab [vgl. MAEDA, 1965 ; STADSNES und MAEHLUM 1965].

Für die Beschreibung werden zwei Größen ausgewählt, durch die jede errechnete Pitchwinkelverteilung repräsentiert wird: Die Größe des Elektronenflusses innerhalb des Verlustkegels und der Anisotropiegrad der Verteilung. Dazu wird die Größe der direktionalen Teilchenflüsse bei $45°$ und $90°$ Pitchwinkel

---

[+] Die Bewegung von geladenen Teilchen im inhomogenen Magnetfeld der Erde läßt sich durch 3 annähernd periodische Bewegungen beschreiben. Bei der "Bounce-Bewegung" wird das Teilchen einmal in der nördlichen und einmal in der südlichen Hemisphäre reflektiert und bleibt dadurch wie in einer magnetischen Flasche gefangen.

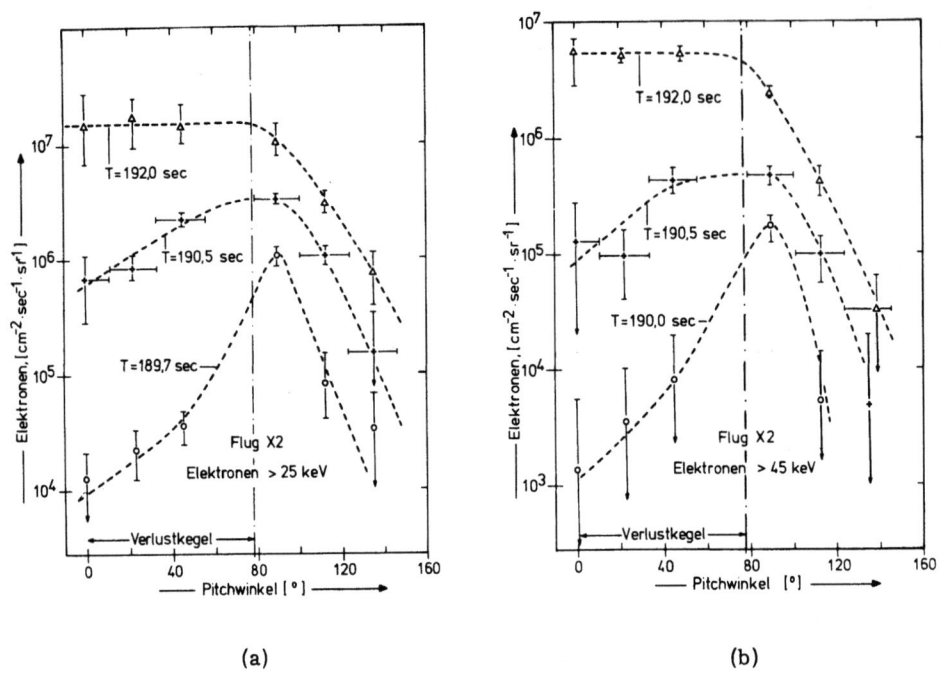

(a) (b)

Abb. 34: Typische Pitchwinkelverteilungen der Elektronen während Flug X 2
  (a) im Energiebereich > 25 keV
  (b) "   "   > 45 keV
  (c) "   "   > 200 keV

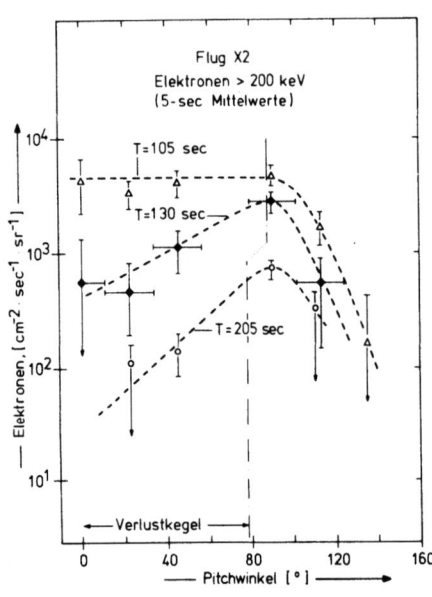

(c)

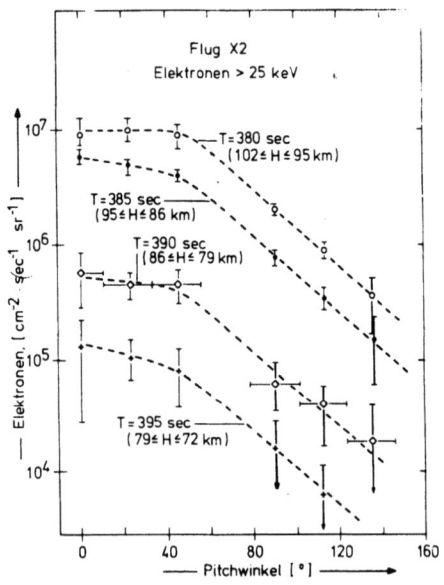

Abb. 35: Pitchwinkelverteilungen für Elektronen mit E > 25 keV in dichteren Luftschichten der Atmosphäre während der Abstiegsphase von Flug X 2

herangezogen. Zwei Gründe sprechen für die Auswahl dieser beiden Winkel: 45° liegt für alle Höhenbereiche, die von den Flügen überdeckt werden, gut innerhalb des Verlustkegels; 90° befindet sich in niedrigen Höhen am Rande und im Apogäum gerade außerhalb des Verlustkegels und kennzeichnet den Bruchteil der lokal spiegelnden Teilchen, bildet also ein Maß für die zumindest vorübergehend vom Magnetfeld gespeicherten Teilchen. Außerdem hat die berechnete Pitchwinkelverteilung an diesen Stellen aufgrund guter Zählstatistik und relativ langer Aufenthaltsdauer der Experimente in diesen Pitchwinkelbereichen den geringsten Fehler.

In Abb. 36 ist für jede einzelne Verteilung aus Höhen oberhalb etwa 200 km des Fluges X2 die Größe des Flusses von Elektronen mit $E > 25$ keV bei 45° gegen den Fluß bei 90° Pitchwinkel aufgetragen. Über die Streuung der Punkte hinaus zeigt sich klar ein charakteristisches Merkmal: Bei sehr kleinen Flüssen innerhalb des Verlustkegels übersteigt der 90°-Fluß bei weitem den Fluß ausgefällter Elektronen. Bei Zunahme des ausgefällten Elektronenanteils ändert sich der 90°-Fluß nur wenig, so daß der Übergang in eine isotrope Verteilung stattfindet. Dieser Übergang vollzieht sich etwa bei einem Fluß von $5 \cdot 10^6$ Elektronen/cm^2 sec sr. Bei einem weiteren Anstieg wächst der 90°-Fluß in etwa dem gleichen Maße wie der 45°-Fluß.

Wie bereits im vorigen Abschnitt anhand von ausgewählten Pitchwinkelverteilungen angedeutet, zeigen alle Elektronenkanäle ein ähnliches Verhalten. Der Quotient der Flüsse bei 90° und 45° wird hier als Anisotropiefaktor bezeichnet und für die drei Energiebereiche $E > 25$ keV, $E > 45$ keV und $E > 200$ keV gegen den Fluß der ausgefällten Elektronen aufgezeichnet (Abb. 37). Für jeden der 3 Energiekanäle ergibt sich gesondert ein eindeutiger Zusammenhang zwischen dem Anisotropiegrad und der Größe des

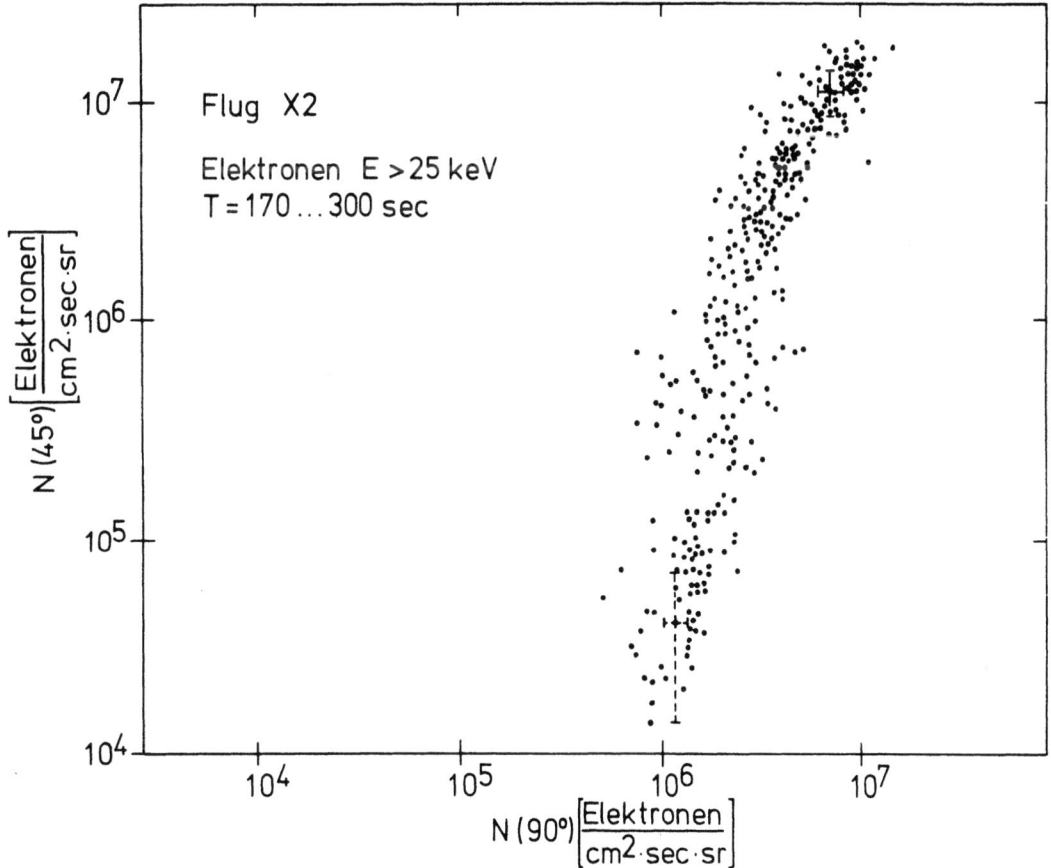

Abb. 36: Änderung der direktionalen Teilchenflußdichte der Elektronen oberhalb 25 keV bei 45° und 90° Pitchwinkel während des Fluges X2

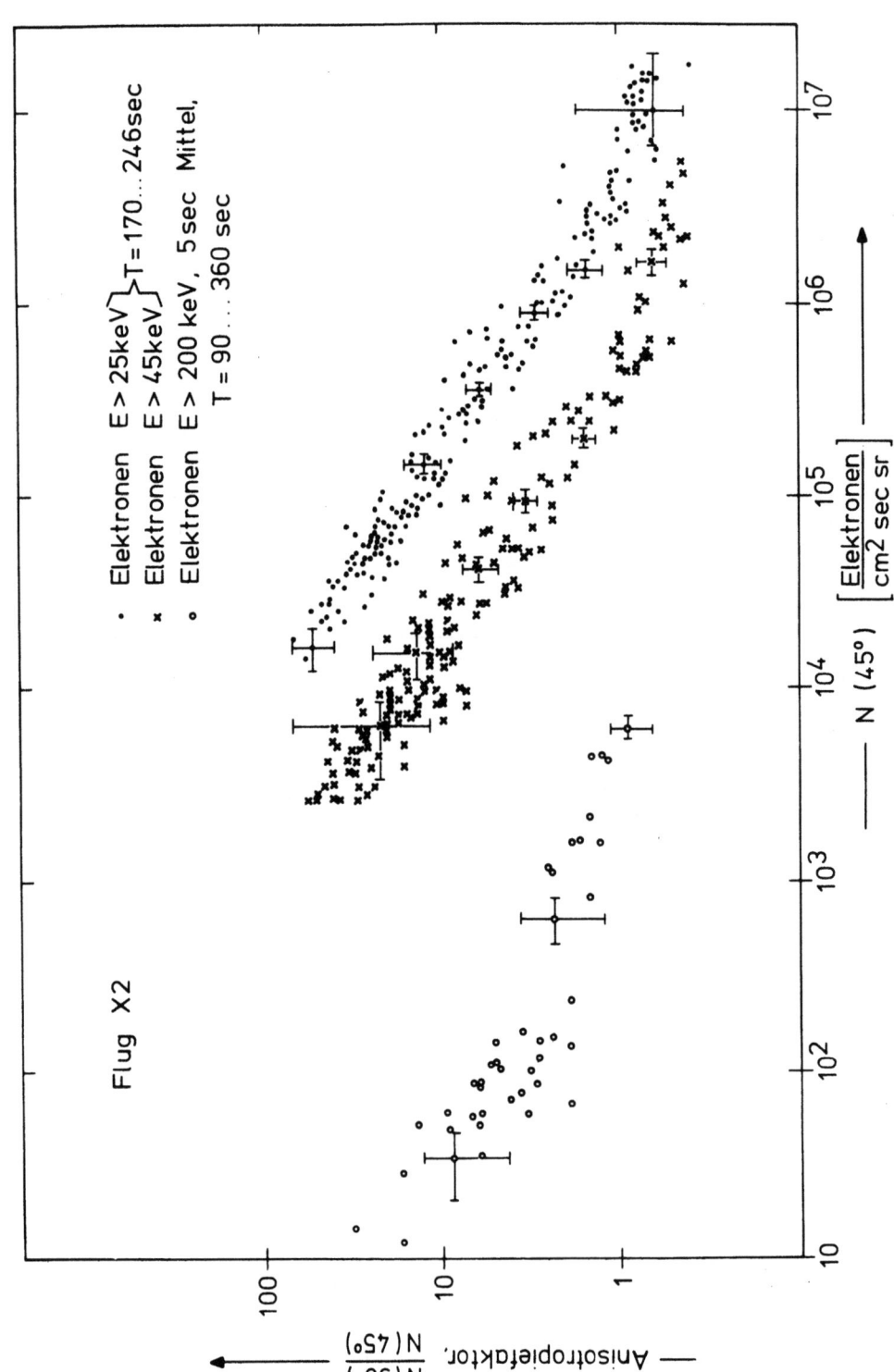

Abb. 37: Anisotropiefaktor $\frac{N(90°)}{N(45°)}$ als Funktion der Flußdichte ausgefällter Elektronen N(45°) in drei Elektronenenergiebereichen während Flug X 2

Flusses ausgefällter Elektronen. Bei gleichen Flüssen ist der Anisotropiegrad für die kleinere Energie größer. Wegen der Mittelwertbildung über jeweils 5 sec ist die Überdeckung für Elektronen mit Energien oberhalb 200 keV wesentlich schlechter.

Sämtliche eingezeichneten Fehler sind nach dem Fehlerfortpflanzungsgesetz bestimmt und berücksichtigen sowohl die statistischen Schwankungen als auch die Unsicherheiten durch Totzeitkorrektur in Zeiten der Sättigung der Zählkanäle. Der zuletzt genannte Fehler tritt hauptsächlich bei Flüssen oberhalb 10^7 Elektronen/cm^2 sec sr auf, so daß aus der Kurve für die Elektronen mit E > 25 keV die Beobachtung eines im Verlustkegel größeren Flusses als bei 90° (Anisotropiefaktor < 1) nicht signifikant erscheint. Lediglich bei den um etwa den Faktor 10 geringeren Flüssen der Elektronen größer 45 keV scheint während einiger Intensitätsspitzen der Fluß ausgefällter Elektronen den der spiegelnden Teilchen zu übertreffen (vgl. 7.1).

Die Energieabhängigkeit der wirkenden Prozesse wird anhand der Abb. 38 untersucht. Für jede berechnete Verteilung ist der Anisotropiegrad der Elektronen größer 45 keV gegen den der Elektronen größer 25 keV zum gleichen Zeitpunkt dargestellt. Eine Verteilung dieser Punkte längs der gestrichelten Geraden bedeutet eine für Elektronen mit E > 25 keV und E > 45 keV gleichzeitige Annäherung an die Isotropie. Eine ähnliche Korrelation zwischen den Energiekanälen E > 25 keV und E > 200 keV ergibt keinen klar ersichtlichen Zusammenhang.

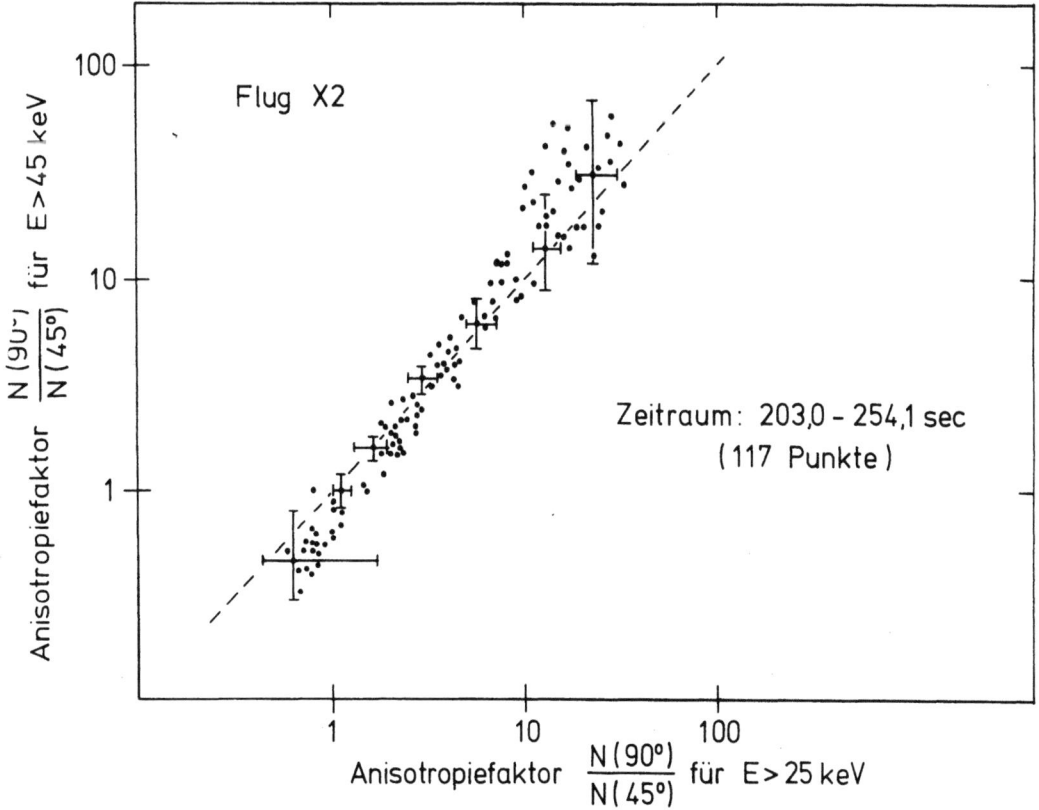

Abb. 38: Anisotropiegrad der Elektronen oberhalb 25 keV gegen den Anisotropiegrad der Elektronen oberhalb 45 keV während des Fluges X2

Im folgenden werden noch einmal die aus den Streudiagrammen ersichtlichen Merkmale zusammengestellt, durch die der während des Fluges X2 auf Elektronen wirkende Ausfällungsmechanismus gekennzeichnet ist:

> große Änderungen des direktionalen Elektronenflusses innerhalb des Verlustkegels
>
> relative Konstanz des Flusses im Bereich lokal spiegelnder Teilchen
>
> Annäherung an eine isotrope Pitchwinkelverteilung bei Zunahme des Flusses ausfallender Elektronen in allen 3 Energiekanälen
>
> Erreichen der Isotropie bei Flüssen von etwa $5 \cdot 10^6$ [cm^{-2} sec^{-1} sr^{-1}] für E > 25 keV, $7 \cdot 10^5$ [cm^{-2} sec^{-1} sr^{-1}] für E > 45 keV und $6 \cdot 10^3$ [cm^{-2} sec^{-1} sr^{-1}] für E > 200 keV
>
> Zunahme des 90°-Flusses gekoppelt mit der Zunahme des Flusses im Verlustkegel nach Erreichen der Isotropie.
>
> Gleichzeitige Annäherung an die Isotropie für Elektronen größer 25 keV und größer 45 keV.

7.54 Deutung der Meßergebnisse durch Pitchwinkeldiffusion

Zunächst einmal seien Ergebnisse früherer Raketenmessungen kurz skizziert:

Sehr häufig werden zwei Formen der Pitchwinkelverteilung von Polarlichtelektronen beobachtet: eine über den oberen Halbraum isotrope Verteilung oder eine anisotrope Verteilung mit Maximum bei 90° [McDIARMID, BUDZINSKI 1964; MOZER, BRUSTON 1966; McDIARMID et al. 1967; LAMPTON 1967; REASONER, 1969; COURTIER et al. 1971]. Sofern keine Zufuhr von Teilchen in den Verlustkegel hinein erfolgt, muß die Pitchwinkelverteilung spätestens nach einigen Bounce-Perioden innerhalb des Verlustkegels auf Null abfallen. McDIARMID et al. [1967] machen daher für die Beobachtung einer anisotropen Pitchwinkelverteilung mit Maximum in der Nähe von 90° einen Prozeß verantwortlich, der basierend auf der Pitchwinkelstreuung für eine Nachlieferung der in der Atmosphäre absorbierten Elektronen aus einem Reservoir stabil gespeicherter Teilchen sorgt. Eine isotrope Verteilung erscheint dann als Grenzfall starker Pitchwinkeldiffusion, bei der der Verlustkegel isotrop aufgefüllt wird. In diesem Fall erhält man den größtmöglichen Teilchenverlust, der durch das Eindringen der Teilchen in die dichteren Atmosphärenschichten bewirkt werden kann. Falls keine neuen Teilchen injiziert werden und der Streuprozeß weiter wirkt, entleert sich die betreffende L-Schale.

Ein weiteres Ansteigen des Flusses ausgefällter Elektronen nach Erreichen der Isotropie ist im Bilde einer Pitchwinkeldiffusion nur durch eine Verstärkung der für die Nachlieferung verantwortlichen Quelle möglich. Der Prozeß, mit dem die Pitchwinkeldiffusion in Zusammenhang gebracht wird, ist die Wechselwirkung zwischen Wellen und in der Magnetosphäre gefangenen Teilchen. Die folgende kurze Zusammenstellung der historischen Entwicklung knüpft an PAULIKAS [1971] an.

DRAGT [1961] betrachtete als erster den Einfluß resonanter hydromagnetischer Wellen auf die Streuung energiereicher Protonen. Auch in den von DUNGEY [1963], CORNWALL [1964] und BRICE [1964] gegebenen Diskussionen der resonanten Wechselwirkung zwischen Wellen und Elektronen wird die Quelle der Wellen noch nicht an die Teilchenpopulation geknüpft. Dieser Schritt wird von CORNWALL [1965] vollzogen, der die Entstehung von Ionen-Zyklotron Wellen mit dem hochenergetischen Ausläufer der Ringstromprotonen in Zusammenhang bringt. Dabei entnehmen die Wellen für ihre Verstärkung Energie aus einer anfänglich anisotropen Pitchwinkelverteilung. Ihr Wachstum führt zu einer verstärkten Pitchwinkeldiffusion, die die Anisotropie abbaut und somit eine weitere Verstärkung der Wellen beschränken kann. KENNEL und PETSCHEK [1966] berechnen aus der Kopplung zwischen Elektronen und Wellen im Bereich der Whistler eine obere Grenze für den stabil in der Magnetosphäre gespeicherten Teilchenfluß.

Unter der Annahme, daß ein Teil der entlang der Magnetfeldlinien geführten Wellenenergie nach der Reflexion in der Ionosphäre wieder in die Magnetosphäre gelangt und die Verstärkung groß genug ist, die Reflexionsverluste zu ersetzen, kamen KENNEL und PETSCHEK [1966] zu folgendem Schluß:
Das Wellenwachstum führt schnell zu großen Wellenamplituden, die schließlich eine Instabilität der Whistler bewirken. Durch die Rückwirkung der großen Wellenamplituden auf resonante Elektronen kommt es zu einer starken Pitchwinkeldiffusion, die zu einer schnellen Ausfällung von Elektronen führt. Dadurch wird die Zahl der resonanten Elektronen und die vorhandene Anisotropie verringert und damit auch die Ursache für die Verstärkung der Wellen beseitigt. Aus diesen Überlegungen leiten sie eine maximale Teilchenpopulation ab, die stabil im Magnetfeld der Erde gespeichert sein kann.

Bei der Beschreibung der stattfindenden Prozesse betrachtet man eine Feldröhre, in der die Wellen geführt werden, wobei nur Wellen in Betracht kommen, deren Ausbreitung nahezu parallel zum Feld erfolgt (Abb. 39). In der Nähe der Äquatorebene liegt das Gebiet mit geringer Ausdehnung in geomagnetischer Breite, in dem die Verstärkung der Wellen stattfindet (Verstärkungsfaktor γ). An den in der Ionosphäre liegenden Fußpunkten der Feldlinien findet die Reflexion der Whistler statt (Reflexionskoeffizient R). Mit dem Quotienten aus der Ausdehnung des Gebietes und der Gruppengeschwindigkeit Wg der Welle ergibt sich die Zeit, die die Welle für einen Durchlauf durch das Verstärkungsgebiet benötigt. Die Zunahme der Wellenamplitude beträgt dabei

$$e^{\gamma a/Wg} .$$

Nach der Reflexion ist die Amplitude um den Faktor R verkleinert. Die Grenze für ein stabiles Wachstum ist erreicht, wenn für den maximalen Verstärkungsfaktor γ_{max} gilt:

$$\exp(\gamma_{max} \cdot a/Wg) \cdot R = 1 \qquad (1)$$

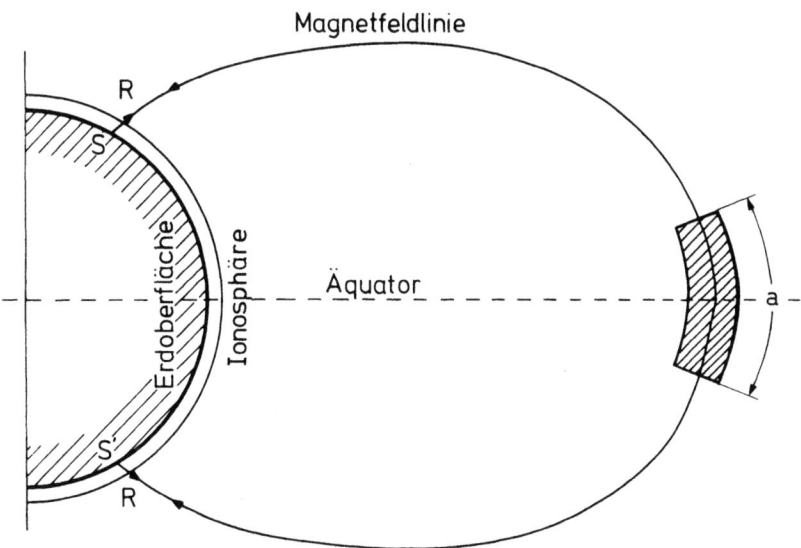

Abb. 39: Vereinfachte Darstellung der Leitung von Whistlern längs einer Feldlinie mit dem Verstärkungsgebiet (Ausdehnung a) in Äquatornähe (R = Reflexionsfaktor in der Ionosphäre)

Für die Größe des Verstärkungsfaktors finden KENNEL und PETSCHEK [1966] folgenden Ausdruck:

$$\gamma = 2\pi^2 \frac{\Omega^2}{K} \left(1 - \frac{\omega}{\Omega}\right)^3 \eta(V_R) \cdot \left\{ A - \frac{1}{\frac{\Omega}{\omega} - 1} \right\} \quad (2)$$

mit V_R = Resonanzgeschwindigkeit der Elektronen

ω = Wellenfrequenz

Ω = Elektronen-Gyrofrequenz

K = Wellenzahl

A = Anisotropiefaktor der Pitchwinkelverteilung in der von KENNEL und PETSCHEK [1966] gegebenen Definition

$\eta(V_R)$ = Dichte der resonanten Elektronen (Geschwindigkeit parallel zum Magnetfeld)

Aus der Verknüpfung der Gleichung (1) mit (2) ergibt sich für den Anteil $\eta(V_R)$ der resonanten Elektronen eine obere Grenze, nämlich

$$\eta(V_R) \le \eta_{max} = \frac{\omega \cdot \ln \frac{1}{R}}{\pi^2 (\Omega - \omega)^2 \cdot a \cdot \left\{ A - \frac{1}{\frac{\Omega}{\omega} - 1} \right\}} \quad (3)$$

KENNEL und PETSCHEK [1966] rechneten die Größe $\eta(V_R)$ in den der Beobachtung leichter zugänglichen äquatorialen, omnidirektionalen Fluß $J(>E_R)$ mit $E_R = 1/2\, m\, V_R^2$ um und erhalten

$$J_{max}(>E_R) = K \cdot L^{-4} \quad (4)$$

mit

$$K \approx 7 \cdot 10^{10} \left[\frac{\text{Elektronen}}{\text{cm}^2 \text{sec}} \right] \text{ für } E_R = 40 \text{ keV}$$

L = McILWAIN - Parameter

Für einen Vergleich des maximalen Flusses J_{max} mit den Meßergebnissen muß der in 7.53 gefundene direktionale Fluß in einen omnidirektionalen Fluß bezogen auf den Äquator umgerechnet werden. Nach LENCHEK et al. [1961] ergibt sich der omnidirektionale Fluß i in $[\text{cm}^{-2} \cdot \text{sec}^{-1}]$ aus dem direktionalen Fluß $j(\theta)$ am Äquator in $[\text{cm}^{-2} \text{sec}^{-1} \text{sr}^{-1}]$ durch Integration zu

$$i = 4\pi \int_0^{\mu_c} j(\theta) \cdot d(\cos\theta), \quad \mu_c = \cos\theta_c \quad (5)$$

Aus den in Erdnähe gemessenen Pitchwinkelverteilungen, wie sie in 7.52 und 7.53 angegeben sind, läßt sich über die adiabatische Transformation des Pitchwinkels entlang einer Feldlinie ein Teil der äquatorialen Pitchwinkelverteilung rekonstruieren: Dem Öffnungswinkel des lokalen Verlustkegels (78° Halbwinkel) in ca. 200 km Höhe entspricht ein Öffnungswinkel von ca. 2,6° des äquatorialen Verlustkegels. Alle Winkel innerhalb des lokalen Verlustkegels liegen auch innerhalb des äquatorialen Verlustkegels. Falls keine Pitchwinkeldiffusion wirksam ist, geht die Verteilung schnell innerhalb des Verlustkegels auf Null. Dieser Grenzfall entspricht der in Abb. 40 qualitativ angedeuteten, dick ausgezogenen Kurve und wird während der Messungen der Raketen X2 und X3 nicht erreicht. FRITZ [1968] fand aus Messungen an Bord des Satelliten INJUN 3, daß in invarianten Breiten zwischen etwa 45° und 75° unabhängig von der Lokalzeit auch in geomagnetisch ruhigen Zeiten immer Elektronen mit Energien oberhalb 40 keV aus-

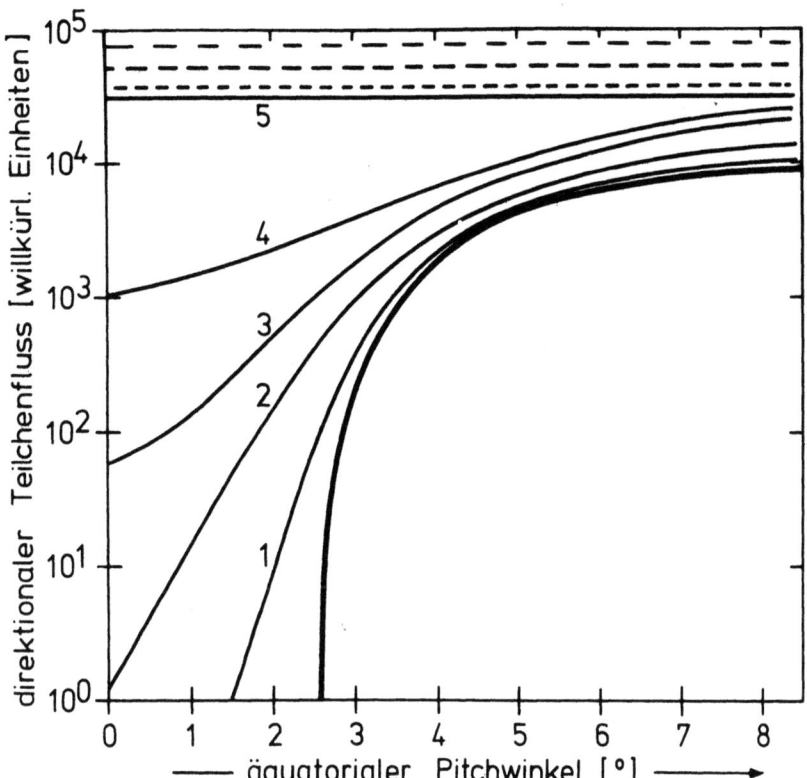

Abb. 40: Verschiedene äquatoriale Pitchwinkelverteilungen: bei Abwesenheit von Pitchwinkeldiffusion (Grenzfall, dick ausgezogene Kurve), bei Wirkung schwacher Diffusion (Kurven 1, 2, 3, 4), bei starker Diffusion (Grenzfall, Kurve 5)

gefällt werden mit einer typischen Ausfällungsrate von wenigstens 10^{-2} zwischen ausfallenden und spiegelnden Elektronen. Dieses auch während der Intensitätsminima von X2 und während X3 gemessene Verhältnis (siehe Abb. 37) entspricht qualitativ Kurve 1 in Abb. 40 (schwache Pitchwinkeldiffusion). Bei einer Zunahme der Pitchwinkeldiffusion (z.B. die Kurven 2, 3, 4 in Abb. 40) werden mehr Elektronen ausgefällt, und man erhält entsprechend eine Abnahme des Anisotropiefaktors in Abb. 37. Bei Annäherung des Anisotropiefaktors an den Wert 1 spricht man von starker Pitchwinkeldiffusion, die nach KENNEL [1969] dadurch gekennzeichnet ist, daß ein Teilchen in weniger als einer Bounce-Periode quer durch das Gebiet des Verlustkegels diffundieren kann. Diesem zweiten Grenzfall entspricht in Abb. 40 die Kurve 5. Eine weitere Zunahme des Flusses ausgefällter Elektronen, wie sie die Messung in Abb. 36 zeigt, kann nur als eine Verstärkung der nachliefernden Elektronenquelle verstanden werden (gestrichelte Kurven in Abb. 40).

Nach Erreichen der Isotropie kann in einfacher Weise aus dem in Raketenhöhen gemessenen direktionalen Fluß der zugehörige omnidirektionale Fluß in der Äquatorebene nach Gleichung (5) abgeschätzt werden, da die direktionale äquatoriale Flußdichte $j(\Theta)$ vom Pitchwinkel unabhängig und gleich der von der Rakete gemessenen Flußdichte wird. Die Integration liefert in diesem Falle den Faktor 4π, und man erhält als omnidirektionalen Grenzfluß den Wert von etwa $10^7 [\text{cm}^{-2} \cdot \text{sec}^{-1}]$ für Elektronen größer 45 keV. Für den Normalisierungsfaktor K in Gleichung (4) ergibt sich zusammen mit diesem omnidirektionalen Maximalfluß und dem L-Wert für Andenes (L = 6,4) $K \approx 10^{10} [\text{cm}^{-2} \text{sec}^{-1}]$ in größenordnungsmäßiger Übereinstimmung mit dem von KENNEL und PETSCHEK [1966] angegebenen Wert.

Seit der Ableitung eines im Magnetfeld stabil gespeicherten Maximalflusses im Jahre 1966 ist vor allem versucht worden, mit Hilfe von Satellitenmessungen die L-Abhängigkeit in Gleichung (4) zu überprüfen. Dabei stellte sich heraus, daß sich zwar die behauptete Gesetzmäßigkeit bestätigen läßt, daß aber die genaue Größe von K von Parametern beeinflußt wird, denen in der von KENNEL und PETSCHEK [1966] gegebenen Abschätzung noch keine Aufmerksamkeit zukam. BRICE und LUCAS [1971] bauen auf den Ergebnissen von KENNEL und PETSCHEK auf, indem sie auf den Einfluß des umgebenden kalten Plasmas auf die Teilchenausfällung aufgrund von Whistler Turbulenzen hinweisen. Durch Erhöhung der Gesamtteilchendichte verringert sich die kritische Energie E_c auf E_c' (nur Elektronen mit Energien oberhalb E_c nehmen am Ausfällungsprozeß teil, für Elektronen mit $E < E_c$ können die Flüsse beliebig groß werden), so daß dann auch die Elektronen mit Energien zwischen E_c' und E_c vom "KENNEL-PETSCHEK Mechanismus" erfaßt werden können. Ebenso wird auch die Grenze des stabilen Teilchenflusses von der Gesamtteilchendichte des umgebenden Plasmas beeinflußt [BRICE, 1970]. WILLIAMS [1971, priv. Mitteilung] gibt für den durch Messungen gefundenen Bereich des Normalisierungsfaktors K in Gleichung (4) den Wertebereich $2 \cdot 10^9 \leq K \leq 5 \cdot 10^{10}$ [cm^{-2} sec^{-1}] an.

In diesem Licht läßt sich auch die Abweichung erklären, die sich aus einem Vergleich zwischen den Streudiagrammen (Abb. 37, Elektronen mit E > 25 keV) aus X2 und dem 1 1/2 Stunden später während X3 gemessenen ergibt. In den Messungen aus X3 fällt eine Gruppe von impulsartigen Intensitätszunahmen zwischen der 100. und 120. Flugsekunde auf (siehe Abb. 23), in denen über kurze Zeit Isotropie der Pitchwinkelverteilungen in den beiden unteren Energiekanälen beobachtet wird. Dabei scheint die Isotropie schon bei geringeren Flußdichten als während X2 erreicht zu sein. Diese Vermutung wird anhand des Streudiagramms Abb. 41 bestätigt. Ähnlich dem für X2 in Abb. 37 gegebenen Zusammenhang zwischen

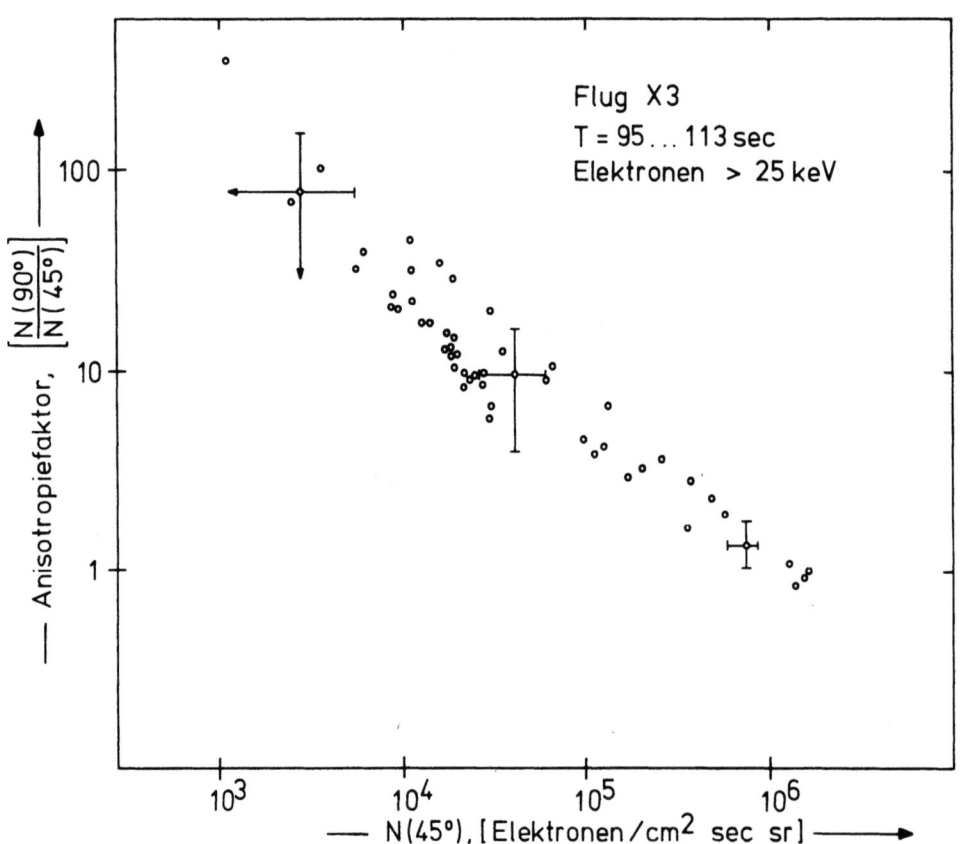

Abb. 41: Messung des Anisotropiefaktors in Abhängigkeit von der Flußdichte ausgefällter Elektronen mit Energien oberhalb 25 keV während Flug X3

Anisotropiefaktor und Teilchenfluß im Verlustkegel ist hier eine Analyse der Meßdaten aus dem Zeitraum $95 \leq t \leq 113$ sec des Fluges X3 für Elektronen mit Energien oberhalb 25 keV durchgeführt. Die Beschränkung auf diesen Zeitraum wird nach unten durch die Höhe (> 150 km) und nach oben durch die in 7.1 erwähnte Störung des Experimentes Z3II erforderlich. Abb. 41 zeigt deutlich, daß der Übergang in eine isotrope Pitchwinkelverteilung für Elektronen oberhalb 25 keV bei einem um den Faktor 5 kleineren Fluß ($\approx 10^6$ [cm^{-2} sec^{-1} sr^{-1}]) erfolgt als bei X2. (Für Elektronen des höheren Energiekanals läßt sich die Analyse wegen der niedrigen Zählraten nicht ohne weiteres durchführen. Jedoch zeigt Abb. 23 deutlich, daß auch die Pitchwinkelverteilungen für diesen Energiebereich die Isotropie erreichen, so daß die Ergebnisse des niederenergetischen Kanals auch auf diese Elektronen übertragen werden können). Diese Abweichung liegt außerhalb der Streuung der Meßpunkte und kann nicht aus einer Unsicherheit der Energieschwellen der entsprechenden Experimente in Verbindung mit dem während X3 bestehenden steilen Spektrum (siehe Abb. 27) erklärt werden. Vielmehr zeigt die deutliche Änderung des maximal stabilen Flusses, die sich während der 1 1/2 Stunden Zeitabstand zwischen X2 und X3 vollzogen hat, daß sich die Bedingungen für das Auftreten von Whistler-Turbulenzen in der Andenes zugeordneten Feldröhre vom Maximum des Absorptionsereignisses bis zu seinem Ende verändert haben. Der aus den Messungen von X3 ableitbare Wert von K hat die Größe $K \approx 2 \cdot 10^9$ [cm^{-2} sec^{-1}] und liegt innerhalb des von WILLIAMS angegebenen Wertebereiches.

Damit sind die vorliegenden Meßergebnisse und ihre Deutung im Zusammenhang mit der Pitchwinkeldiffusion aufgrund des "KENNEL-PETSCHEK-Mechanismus" ein weiterer Beitrag zur Stützung des von KENNEL und PETSCHEK [1966] vorgeschlagenen Ausfällungsmechanismus für Elektronen. Das bei oberflächlicher Betrachtung des zeitlich stark strukturierten Intensitätsverlaufes (siehe Abb. 22) im Maximum des Absorptionsereignisses überraschende Bild, daß sich die Anisotropiegrade aller Pitchwinkelverteilungen in einen eindeutigen Zusammenhang mit der Größe des Flusses ausgefällter Elektronen einordnen, zusammen mit der guten Übereinstimmung des abgeleiteten Grenzflusses mit dem von KENNEL und PETSCHEK angegebenen Maximalfluß für die stabile Speicherung im Magnetfeld ist ein sicherer Hinweis auf die Gültigkeit des die Ausfällung von Elektronen beherrschenden Mechanismus aufgrund von Whistler Turbulenzen.

Zusammenfassung

Die Arbeit behandelt Messungen von energiereichen Elektronen ($25 \leq E \leq 600$ keV und $E \geq 800$ keV) und Protonen ($0,2 \leq E \leq 2$ MeV), die mit Hilfe von 2 Raketen aus dem Raketenprogramm SPAZ während eines langsam variierenden Absorptionsereignisses um 06 Uhr geomagnetischer Ortszeit im Morgensektor der Polarlichtzone von Andenes (Norwegen) am 14. Februar 1970 unternommen wurden. Zu diesem Zweck wurde ein raketenflugtaugliches Elektronen-Protonen-Meßgerät mit Halbleiterdetektoren entwickelt. Flugeinheiten dieses Meßgerätes wurden einer umfangreichen Kalibrierung mit Hilfe von Elektronen- und Protonenbeschleunigern unterzogen.

Im einzelnen werden folgende Gesichtspunkte anhand der Messungen untersucht: Morphologie des Elektronen- und Protoneneinfalls im Maximum und am Ende eines langsam variierenden Absorptionsereignisses von 2,4 dB Stärke mit hoher zeitlicher Auflösung, charakteristische Änderungen der Steilheit der Elektronenspektren bei Zunahme des Flusses ausgefällter Elektronen, Konstanz der Steilheit des Protonenspektrums vom ersten bis zum 1 1/2 Stunden später erfolgten zweiten Raketenschuß, Diskussion eines für die Ausfällung von Elektronen in Betracht kommenden Prozesses anhand einer statistischen Analyse der Pitchwinkelverteilungen von Elektronen. Dabei ergeben sich folgende Resultate:

(1) Der Elektroneneinfall im Maximum des Ereignisses ist durch schnelle zeitliche Änderungen der Intensität gekennzeichnet. Dabei werden in den Intensitätsspitzen sehr hohe Flüsse bis zu einigen 10^7 [Elektronen/cm^2 sec sr] mit Energien oberhalb 25 keV und einigen 10^6 [Elektronen/cm^2 sec sr] mit Energie oberhalb 45 keV erreicht.

(2) Die gemessenen Energiespektren können im Falle der Elektronen durch einen Potenzansatz $\phi_e(>E) = \phi_{oe} \cdot E^{-n}$ mit $4 < n < 7$ und im Falle der Protonen mit einem Exponentialansatz $\frac{d\phi_p}{dE} = \phi_{op} \cdot e^{-E/E_o}$ mit $E_o \approx 60$ keV angenähert werden.

(3) Eine statistische Analyse der Pitchwinkelverteilungen der Elektronen zeigt einen eindeutigen Zusammenhang zwischen Anisotropiefaktor (Verhältnis der Flüsse bei 90° und 45° Pitchwinkel) und Größe des Flusses ausgefällter Elektronen in der Weise, daß eine Annäherung an eine über den oberen Halbraum isotrope Verteilung mit der Zunahme der Teilchenflußdichte gekoppelt ist. Dabei zeigen Elektronen mit Energien oberhalb 200 keV qualitativ das gleiche Verhalten wie die niederenergetischen Elektronen mit Energien oberhalb 45 keV und 25 keV.

(4) Die Untersuchung der Energieabhängigkeit des wirkenden Ausfällungsmechanismus zeigt eine gleichzeitig erfolgende Annäherung an eine isotrope Verteilung für die beiden unteren Energiekanäle ($E > 25$ keV und $E > 45$ keV).

(5) Die gefundenen Ergebnisse können eindeutig durch die Pitchwinkeldiffusion auf Grund der Wechselwirkung resonanter Elektronen mit hydromagnetischen Wellen im Bereich der Whistler gedeutet werden.

Summary

The measurements of high energetic electrons ($25 \leq E \leq 600$ keV, $E > 800$ keV) and protons ($0,2 \leq E \leq 2$ keV) during two rocket flights are presented in this paper. The rockets were part of the German project SPAZ and were flown during a slowly varying absorption event from the Norwegian launch site at Andenes on the 14th of February, 1970. In order to obtain the measurements a special electron-proton spectrometer was developed using semiconductor detectors.

The following features were studied in detail: morphology of the electron and proton precipitation at the maximum and at the end of a slowly varying absorption event using a high time resolution, characteristic changes of the steepness of electron spectra during the increase of the electron precipitation; constancy of the steepness of the proton energy spectra between the two rocket flights (1 1/2 hours). Further, an electron precipitation mechanism is discussed using results of a statistical survey of the measured electron pitch-angle distributions.

The following results were obtained:

(1) During the maximum of the absorption event the precipitation of electrons is characterized by fast changes in intensity. The flux of electrons with energies above 25 keV and 45 keV reaches values of some 10^7 cm^{-2} sec^{-1} sr^{-1} and 10^6 cm^{-2} sec^{-1} sr^{-1}, respectively, during enhanced precipitation.

(2) The electron energy spectra can be approximated by a power-law with an exponent ranging from 4 to 7, whereas the best fit for the proton spectra is achieved by an exponential dependence with a characteristic energy of about 60 keV.

(3) A statistical analysis of the pitch angle distribution of the electrons gives a clear dependence between the anisotropy-factor (quotient of the fluxes at 90° and 45° in pitch angle) and the magnitude of the electron flux inside the loss cone: an increase in the electron flux is accompanied by a decrease of the anisotropy-factor. This is equally valid for electrons with energies above 200 keV as for electrons above 45 keV and 25 keV.

(4) The operating precipitation mechanism appears to be such that the degree of anisotry is equal for the lower energy channels (E > 25 keV, E > 45 keV) at any instant in the time interval studied.

(5) The results are in agreement with a theory of pitch angle scattering procuded by the interaction of resonant electrons with hydromagnetic waves in the whistler-mode.

Diese Arbeit entstand im Max-Planck-Institut für Aeronomie, Institut für Weltraumforschung in Lindau/Harz.
Herrn Prof. Dr. A. Ehmert (†) und Herrn Prof. Dr. G. Pfotzer danke ich sehr für die Übertragung dieser Arbeit und ihr förderndes Interesse am Fortgang der Untersuchungen.

Besonderer Dank gebührt auch dem Projektwissenschaftler, Herrn Dr. E. Keppler, der durch seinen Einsatz die erfolgreiche Zusammenarbeit mehrerer Institute und Großunternehmen im Rahmen des Projektes SPAZ sicherte. Herrn Dr. G. Kremser, Dr. K. Richter und Dr. K. Wilhelm sei für die zahlreichen Diskussionen und fruchtbaren Anregungen bezüglich der Interpretation der Meßergebnisse gedankt. Herrn Dr. H. Raethjen vom Institut für Reine und Angewandte Kernphysik der Universität Kiel und Herrn Dipl. Phys. H. Schütz möchte ich für die Bereitstellung ihrer Meßdaten, die freundschaftliche Zusammenarbeit und den steten Gedankenaustausch während der Laufzeit des Projektes danken. Herrn F. Both und K. Fischer, der Werkstatt des Instituts unter Herrn W. Kiefert und allen Institutsmitarbeitern, die technische Hilfe geleistet haben, danke ich für ihren persönlichen Einsatz und die sorgfältige Arbeit.

Die für die Durchführung dieser Arbeit aufgewendeten finanziellen Mittel wurden vom Bundesministerium für Bildung und Wissenschaft unter dem Aktenzeichen WRK 141 bereitgestellt.

Literaturverzeichnis

ALLISON, S.K. und S.D. WARSHAW: Passage of heavy particles through matter. - Rev. Mod. Phys. 25, 779, 1953.

ANSARI, Z.A.: A peculiar type of daytime absorption in the auroral zone. - J. Geophys. Res. 70, 3117 - 3122, 1965.

BEWERSDORFF, A., G. KREMSER, W. RIEDLER, J.P. LEGRAND: Some properties of slowly varying ionospheric absorption events in the auroral zone. - Ark. Geofys., 5, 115 - 127, 1966.

BEWERSDORFF, A., G. KREMSER, J. STADSNES, H. TREFALL, S.L. ULLALAND: Simultaneous balloon measurements of auroral X-rays during slowly varying ionospheric absorption events. - J. Atmosph. Terr. Phys. 30, 591 - 607, 1968.

BROWN, R.R.: A study of slowly varying and pulsating ionospheric absorption events in the auroral zone. - J. Geophys. Res. 69, 2315 - 2321, 1964.

BRICE, N.: Fundamentals of very low frequency emission generation mechanisms. - J. Geophys. Res. 69, 4515, 1964.

BRICE, N.: Artificial enhancement of energetic particle precipitation through cold plasma injection: a technique for seeding substorms. - J. Geophys. Res. 75, 4890 - 4892, 1970.

BRICE, N. und C. LUCAS: Influence of magnetospheric convection and polar wind on loss of electrons from the outer radiation belt. - J. Geophys. Res. 76, 900 - 908, 1971.

BUNK, K., C. JEANCLAUDE, A. KIRCHNER, A. SCHEUPLEIN: Integrations- und Flugbericht, in "Zusatzraketenprogramm zum Satellitenprojekt AZUR, Projekt SPAZ". - BMBW-FB 70 - 60, 1970.

CHASE, L.M.: Spectral measurements of auroral-zone particles. - J. Geophys. Res. 73, 3469 - 3476, 1968.

CORNWALL, J.M.: Scattering of energetic trapped electrons by very low frequency waves. - J. Geophys. Res. 69, 1251, 1964.

CORNWALL, J.M.: Cyclotron instabilities and electromagnetic emission in the ultra low frequency and very low frequency ranges. - J. Geophys. Res. 70, 61, 1965.

COURTIER, G.M., G. BENNETT, D.A. BRYANT: Pitch-angle diffusion of electrons in a glow aurora. - J. Atmosph. Terr. Phys. 33, 847 - 858, 1971.

CZULIUS, W., H.D. ENGLER, H. KUCKUCK: Halbleitersperrschichtzähler. - Ergebn. d. exakten Naturwissensch. 34, 236, 1962.

DRAGT, A.J.: Effect of hydromagnetic waves on the lifetime of Van Allen radiation protons. - J. Geophys. Res. 66, 1641, 1961.

DUNGEY, J.W.: Loss of Van Allen electrons due to whistlers. - Plan. Space Sci. 11, 591, 1963.

FRITZ, T.A.: High-latitude-outer-zone boundary region for $\geq$ 40 keV electrons during geomagnetically quiet periods. - J. Geophys. Res. 73, 7245 - 7255, 1968.

HARRIS, J. und W. PRIESTER: The upper atmosphere in the range from 120 to 800 km. - Proposal for the Cospar international reference atmosphere, 1964.

HEINRICH, H.: Das Magnetometer Z5II, Z5III; in: Das Zusatzprogramm zum Satellitenprojekt AZUR, Projekt SPAZ; BMBW-FB W 70 - 59, 1970.

HONES jr., E.W., S. SINGER, L.J. LANZEROTTI, J.D. PIERSON, T.J. ROSENBER:
Magnetospheric substorm of August 25 - 26, 1967. - J. Geophys. Res. 76, 2977 - 3009, 1971.

KANTER, H.: Electron scattering by thin foils for energies below 10 keV. - Phys. Rev. 121, 461, 1961.

KENNEL, C.F.: Consequencies of a magnetospheric plasma. - Rev. Geophys. 7, 379 - 419, 1969.

KENNEL, C.F., H.E. PETSCHEK: Limit on stably trapped particle fluxes. - J. Geophys. Res. 71, 1 - 28, 1966.

KEPPLER, E.: Beschreibung des PCM-Telemetriesystems und der experimentspezifischen Peripherie-Einheiten, in "Das Zusatzraketenprogramm zum Satellitenprojekt AZUR, Projekt SPAZ, Teil III" BMBW-FB W 70 - 69, 1970.

LAMPTON, M.: Daytime observation of energetic auroral-zone electrons. - J. Geophys. Res. 72, 5817, 1967.

LENCHEK, A.M., S.F. SINGER, R.C. WENTWORTH:
Geomagnetically trapped electrons from cosmic ray albedo neutrons. - J. Geophys. Res. 66, 4027 - 4046, 1961.

MAEDA, K.: Diffusion of low energy auroral electrons in the atmosphere. - J. Atm. Terr. Phys. 27, 250 - 275, 1965.

McDIARMID, J.B., E.E. BUDZINSKI:
Angular distribution and energy spectra of electrons associated with auroral events. - Can. J. Phys. 42, 2048, 1964.

McDIARMID, J.B., E.E. BUDZINSKI, B.A. WHALEN, N. SCHOPKE:
Rocket observations of electron pitch angle distributions during auroral substorms. - Can. J. Phys. 45, 1755, 1967.

McDIARMID, J.B., D.C. ROSE, E.E. BUDZINSKI:
Direct measurements of charged particles associated with auroralzone radio absorption. - Can. J. Phys. 39, 1888 - 1900, 1961.

McILWAIN, C.E.: Direct measurements of particles producing visible auroras. - J. Geophys. Res. 65, 2727 - 2747, 1960.

MOZER, F.S.: Rocket measurements of energetic particles, 3. Proton results. - J. Geophys. Res. 70, 5717 - 5736, 1965.

MOZER, F.S. und P. BRUSTON: Observation of the low-altitude acceleration of auroral protons. - J. Geophys. Res. 71, 2201 - 2206, 1966a.

MOZER, F.S. und P. BRUSTON: Properties of the auroral zone electron source deduced from electron spectrums and angular distributions. - J. Geophys. Res. 71, 4451 - 4460, 1966b.

NEUERT, H.: Kernphysikalische Meßverfahren. - G. Braun-Verlag, Karlsruhe, 1966.

PASCHKE, J.: PCM-Telemetriesystem und Pulshöhenanalysator für Höhenforschungsraketen. - Interner Bericht des DFVLR-Instituts für Satellitenelektronik, August 1970.

PAULIKAS, G.A.: The patterns and sources of high-latitude particle precipitation. - Rev. Geophys. Space Sci. 9, 659 - 701, 1971.

PFISTER, W.: Auroral investigations by means of rockets. - Space Sci. Rev. 7, 642 - 688, 1967.

RAETHJEN, H.: Das Experiment Z1, Protonenspektrometer, in: "Das Zusatzraketenprogramm zum Satellitenprojekt AZUR, Projekt SPAZ, Teil I' BMBW-FB W 70 - 59, 1970.

RAETHJEN, H.: Protonenmessungen im Morgensektor der Polarlichtzone bei langsam variierender Absorption kosmischen Rauschens. - Zeitschr. f. Geophys. 37, 195 - 210, 1971.

RAETHJEN, H. und R. UHLMANN: Ein Raketenexperiment zur Messung des Energiespektrums und der Richtungsverteilung von Protonen mittlerer Energie in der Polarlichtzone. - Atompraxix 6, 1 - 9, 1970.

REASONER, D.L.: Relationship between the flux magnitude and pitch angle distribution for post-substorm auroral electrons. - J. Geophys. Res. 74, 4018 - 4024, 1969.

RICHTER, K.: A method of calculating the pitch angle distribution of particle fluxes based on rocket and satellite data. - IEEE Trans. Nucl. Sci. NS - 19 (4), 32, 1972.

ROSSI, B.: High energy particles. - Prentice-Hall Inc., Englewood Cliffs, N.J., 1952.

SÖRAAS, S. und B. TRUMPY: Rocket measurements of proton energy spectra and pitch angle distribution in the auroral-zone. - J. Atmos. Terr. Phys. 28, 1081 - 1091, 1966.

STADSNES, J. und B. MAEHLUM: Scattering and absorption of fast electrons in the upper atmosphere. - Norwegian Defense Research Establishment, Intern rapport E-53, 1965.

SCHÜTZ, H., K. WILHELM, M. SCHNELL: Das Elektronenspektrometer Z2, in: "Das Zusatzraketenprogramm zum Satellitenprojekt AZUR, Projekt SPAZ, Teil I", BMBW-FB W 70 - 59, 1970.

STÜDEMANN, W.: Das Elektronen-Protonen Experiment Z3, in: "Das Zusatzraketenprogramm zum Satellitenprojekt AZUR, Projekt SPAZ, Teil I", BMBW-FB W 70 - 59, 1970.

WEISS, W.L. und E.M. WHATLEY: Range-energy-relationship of charged particles in silicon. - Nucleonics 20, 147, 1962.

WHALEN, B.A. und J.B. McDIARMID: Summary of rocket measurements of auroral particle precipitation, in "Atmospheric Emissions". - Herausgegeben von B. McCORMAC, A. OMHOLT, van Nordstrand Reinhold Comp., New York, 1969.

WHALEN, B.A. und J.B. McDIARMID: Temporal behaviour of energetic particle precipitation during an auroral substorm. - J. Geophys. Res., 75, 123 - 132, 1970.

WHALEN, B.A., J.R. MILLER, J.B. McDIARMID: Energetic particle measurements in a pulsating aurora. - J. Geophys. Res., 76, 978 - 986, 1971.

WILHELM, K., G. KREMSER, J. MÜNCH, M. SCHNELL, J.P. LEGRAND, N. PETROU, W. RIEDLER: Measurements of energetic particle fluxes during a slowly varying absorption event by two co-ordinated rocket flights. - Vortrag in COSPAR meetings, Seattle, 1971, erscheint in COSPAR-Proceedings, 1972.

Verzeichnis der Mitteilungen aus dem Max-Planck-Institut für Physik der Stratosphäre

---

Nr. 1/1953 Über den Beitrag der von μ-Mesonen angestoßenen Elektronen zu den Ultrastrahlungsschauern unter Blei. G. Pfotzer

Nr. 2/1954 Ein Zählrohrkoinzidenzgerät zur Registrierung der kosmischen Ultrastrahlung. A. Ehmert

Eine einfache Methode zur Einstellung und Fixierung des Expansionsverhältnisses von Nebelkammern. G. Pfotzer

Nr. 3/1954 Optische Interferenzen an dünnen, bei -190°C kondensierten Eisschichten. Erich Regener (vergriffen)

Nr. 4/1955 Über die Messung der Temperatur des atmosphärischen Ozons mit Hilfe der Huggins-Banden. H. Zschörner und H. K. Paetzold

Nr. 5/1956 Ein neuer Ausbruch solarer Ultrastrahlung am 23. Februar 1956. A. Ehmert und G. Pfotzer, vergriffen (erschienen Z. Naturforschung 11a, 322, 1956)

Nr. 6/1956 Das Abklingen der solaren Ultrastrahlung beim Ausbruch am 23. Februar 1956 und die geomagnetischen Einfallsbedingungen. A. Ehmert und G. Pfotzer

Nr. 7/1956 Die Impulsverteilung der solaren Ultrastrahlung in der Abklingphase des Strahlungseinbruches am 23. Februar 1956. G. Pfotzer

Nr. 8/1956 Die atmosphärischen Störungen und ihre Anwendung zur Untersuchung der unteren Ionosphäre. K. Revellio

Nr. 9/1956 Solare Ultrastrahlung als Sonde für das Magnetfeld der Erde in großer Entfernung. G. Pfotzer

*

Die vorstehenden Hefte können beim Max-Planck-Institut für Aeronomie, 3411 Lindau angefordert werden.

Mitteilungen aus dem Max-Planck-Institut für Aeronomie

Nr. 1 (S) 1959 Waibel: Messungen von Primärteilchen der kosmischen Strahlung.

Nr. 2 (S) 1959 Erbe: Auswirkung der Variationen der primären kosmischen Strahlung auf die Mesonen- und Nukleonenkomponente am Erdboden.

Nr. 3 (I) 1960 Kohl: Bewegung der F-Schicht der Ionosphäre bei erdmagnetischen Bai-Störungen.

Nr. 4 (I) 1960 Becker: Tables of ordinary and extraordinary refractive indices, group refractive indices and $h'_{o,x}(f)$- curves or standard ionospheric layer models.

Nr. 5 (S) 1961 Schröpl: Über eine Neubestimmung des Absorptionskoeffizienten von Ozon im Ultraviolett bei kleinen Konzentrationen.

Nr. 6 (S) 1961 Erbe: Ergebnisse der Ballonaufstiege zur Messung der kosmischen Strahlung in Weissenau und Lindau.

Nr. 7 (S) 1962 Meyer: Elektromagnetische Induktion eines vertikalen magnetischen Dipols über einem leitenden homogenen Halbraum.

Nr. 8 (I u. S) 1962 Dieminger und Mitarb.: Die geophysikalischen Ereignisse des 12. - 14. November 1960.

Nr. 9 (S) 1962 Pfotzer, Ehmert, and Keppler: Time Pattern of Ionizing Radiation in Balloon Altitudes in High Latitudes.
Part A, Text; Part B, Figures and Diagrams.

Nr. 10 (S) 1963 Waibel: Eine Ballonsonde zur Messung von Röntgenstrahlung und solarer Ultrastrahlung.

Nr. 11 (S) 1963 Voelker: Zur Breitenabhängigkeit erdmagnetischer Pulsationen.

Nr. 12 (S) 1963 Jaeschke: Registrierung von Pulsationen im südlichen Niedersachsen als Beitrag zur erdmagnetischen Tiefensondierung.

Nr. 13 (S) 1963 Meyer: Elektromagnetische Induktion in einem leitenden homogenen Zylinder durch äußere magnetische und elektrische Wechselfelder.

Nr. 14 (S) 1964 Kremser: Über den Zusammenhang zwischen Röntgenstrahlungs-Ausbrüchen in der Polarlichtzone und bayartigen erdmagnetischen Störungen.

Nr. 15 (S) 1964 Keppler: Messung von Röntgenstrahlung und solaren Protonen mit Ballongeräten in der Nordlichtzone.

Nr. 16 (S) 1964 Kirsch: Die Anisotropien der kosmischen Strahlung.

Nr. 17 (S) 1964 Guilino: Ausbau eines Wechsellichtmonochromators und seine Anwendung zur Messung des Luftleuchtens während der Dämmerung und in der Nacht.

Nr. 18 (S) 1965 Pfotzer and Ehmert: Measurements of High Energetic Auroral Radiations with Balloon-Borne Detectors in 1962 and 1963
Part A to C, Text; Part D, Figures and Diagrams.

Nr. 19 (I) 1965 Hartmann: Bestimmung wichtiger Satellitenpositionen mit Hilfe graphischer Darstellungen.

Nr. 20 (S) 1965 Keppler: Über die Eigenschaften von Zählrohren und Ionisationskammern in verschiedenartigen Strahlungsfeldern. - Zur Interpretation von Röntgenstrahlungsmessungen in Ballonhöhe in der Nordlichtzone.

Nr. 21 (S) 1965 Siebert: Zur Theorie erdmagnetischer Pulsationen mit breitenabhängigen Perioden.

Nr. 22 (S) 1965 Meyer: Zur 27 täglichen Wiederholungsneigung der erdmagnetischen Aktivität, erschlossen aus den täglichen Charakterzahlen C 8 von 1884-1964.

Nr. 23 (S) 1965 Frisius: Über die Bestimmung von Längstwellen - Ausbreitungsparametern aus Feldstärkemessungen am Erdboden.

Nr. 24 (I) 1965 Ma: Einfluß der erdmagnetischen Unruhe auf den brauchbaren Frequenzbereich im Kurzwellen-Weitverkehr am Rande der Nordlichtzone.

Nr. 25 (S) 1965 Kremser, Keppler, Bewersdorff, Saeger, Ehmert, Pfotzer, Riedler, Legrand: X - Ray Measurements in the Auroral Zone from July to October 1964.

Nr. 26 (I) 1966 Stubbe: Theoretische Beschreibung des Verhaltens der nächtlichen F - Schicht.

Nr. 27 (S) 1966 Wilhelm: Registrierung und Analyse erdmagnetischer Pulsationen der Polarlichtzone, sowie ein Vergleich mit Bremsstrahlungsmessungen.

Nr. 28 (S) 1967 Fabian: Über eine neue Ozonradiosonde und Untersuchung von Lufttransporten in der unteren Stratosphäre.

Nr. 29 (S) 1967 Specht: Über die Absorptions- und Emissionsstrahlung der atmosphärischen Ozonschicht bei der Wellenlänge 9,6 μ.

Nr. 30 (I) 1967 Rose und Widdel: Ein Meßgerät zur Bestimmung der Strömungsgeschwindigkeit in kurzen Rohren (Ionenzählern) bei niedrigem Gasdruck.

Nr. 31 (I) 1967 Hartmann: Die Amplitudenregistrierungen des Satelliten Explorer 22, unter besonderer Berücksichtigung der Effekte, die bei Elevationswinkeln kleiner als 45° auftreten.

Nr. 32 (I) 1967 Rüster: Lösung von Bewegungsgleichungen und Kontinuitätsgleichung der F - Schicht mit speziellen Anwendungen auf erdmagnetische Baistörungen.

Nr. 33 (S) 1968 Müller: Zur Modulation der kosmischen Strahlung.

Nr. 34 (S) 1968 Münch: Statistische Frequenzanalyse von erdmagnetischen Pulsationen.

Nr. 35 (S) 1968 Schreiber: Das Magnetfeld des Ringstroms während der Hauptphase erdmagnetischer Stürme und ein Vergleich mit dem beobachteten D_{st}-Anteil des Störfeldes.

Nr. 36 (I) 1968 Elling: Spezielle Näherungsformeln der Appleton-Hartree-Gleichungen zur Interpretation der Absorption einer Mittelwellenausbreitung im nächtlichen E-Gebiet der Ionosphäre.

Nr. 37 (I) 1968 Jones: Application of the Geometrical Theory of Diffraction to Terrestrial LF Radio Wave Propagation.

Nr. 38 (S) 1969 Zürn: Zum weltweiten Auftreten erdmagnetischer Pulsationen vom Typ pc 4.

Nr. 39 (S) 1969 Tiefenau: Untersuchungen an Kanal-Elektronen-Vervielfachern.

Nr. 40 (S) 1970: Sonderheft zum 60. Geburtstag von Herrn Prof. Dr.-Ing. G. Pfotzer am 29. November 1969 und Herrn Prof. Dr.-Ing. A. Ehmert am 6. März 1970.

Nr. 41 (S) 1970 Stratmann: Berechnung des Wellenfeldes eines Längstwellensenders im Entfernungsbereich bis 1000 km zur kontinuierlichen Sondierung der tiefen Ionosphäre durch Feldstärkemessungen in geeigneten Entfernungen vom Sender.

Nr. 42 (S) 1970 Pruchniewicz: Über ein Ozon-Registriergerät und Untersuchung der zeitlichen und räumlichen Variationen des Troposphärischen Ozons auf der Nordhalbkugel der Erde.

Nr. 43 (S) 1970 Richter: Über eine Ballonsonde für Polarlichtmessungen und über den Vergleich von Polarlichtemissionen, Röntgenstrahlen und ionosphärischen Absorptionen.

Nr. 44 (S) 1970 Niapour: Untersuchungen über die mittlere Multiplizität der Verdampfungsneutronen als Maß für die Veränderungen des Energiespektrums der kosmischen Strahlung.

Nr. 45 (S) 1971 Tiefenau: Messungen von Ozonprofilen über dem Meer und Bestimmung des Ozonflusses in die Meeresoberfläche sowie der spezifischen Ozonzerstörungsrate in der maritimen Grenzschicht.

Nr. 46 (S) 1972 Roeckner Temperaturberechnung der Venusatmosphäre bis 80 km Höhe aufgrund solarer und thermischer Strahlungsströme sowie konvektiver und turbulenter Wärmetransporte.

Nr. 47 (S) 1972 Holl: Zur Theorie thermisch angeregter Gezeiten in der E-Schicht der Ionosphäre.

Nr. 48 (I) 1972 Hartmann, Oberländer, Schmidt, Schödel: Satellite Beacon Observations from 1964 to 1970.

If you have any concerns about our products,
you can contact us on
ProductSafety@springernature.com

In case Publisher is established outside the EU,
the EU authorized representative is:
**Springer Nature Customer Service Center GmbH
Europaplatz 3, 69115 Heidelberg, Germany**

Printed by Libri Plureos GmbH
in Hamburg, Germany